내겐 너무 가벼운 레시피

내겐 너무 가벼운 레시피

지은이 김주현, 김가원
펴낸이 안용백
펴낸곳 (주)넥서스

초판 1쇄 인쇄 2012년 4월 15일
초판 1쇄 발행 2012년 4월 20일

출판신고 1992년 4월 3일 제311-2002-2호
121-840 서울시 마포구 서교동 394-2
Tel (02)330-5500 Fax (02)330-5555

ISBN 978-89-5994-274-9 13590

가격은 뒤표지에 있습니다.
잘못 만들어진 책은 구입처에서 바꾸어 드립니다.

www.nexusbook.com
넥서스BOOKS는 (주)넥서스의 실용 브랜드입니다.

이탈리안 밥집 언니의 **요요 없는** 다이어트 **요리법**

내겐 너무 가벼운 레시피

김주현 · 김가원 지음

넥서스BOOKS

여는 글

지속 가능한 저칼로리 식사

여자는 다이어트를 하고 있는 여자, 지금은 휴식 중이나 다이어트 의지를 다지고 있는 여자 또는 다이어트를 강요받고 있는 여자, 그도 아니면 다이어트 후 요요 현상을 겪고 있는 여자로 나뉜다. 다이어트에 대한 압박감은 대략 열 살 이후부터 줄곧 물귀신처럼 여자들을 따라다닌다. 마음에 큰 돌덩이 하나를 얹어 놓은 듯 먹으면서도 늘 칼로리나 체중을 신경 쓰거나 아니면 먹고 나서 한없이 먹었던 자신에게 죄책감을 벌로 안겨 준다. 뇌의 한 지점에 다이어트라는 돌멩이 하나가 자리 잡고 있지만, 안타까운 것은 다이어트를 하는 사람의 95%는 다시 살찐다는 사실이다.

"나 다음 주부터 다이어트 시작해."라고 말하는 사람들은 6개월이나 1년 뒤에 만날 때도 똑같은 소리를 반복한다. 그들은 언제나 다이어트 중이거나 다이어트 후 다시 원상 복귀되어 가는 모습 사이에 있다. 이 지긋지긋한 리플레이 현상을 끊기 위해서는 기존의 다이어트 방식에서 벗어나야 한다.

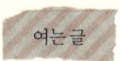

대개의 다이어터들은 이제 곧 다이어트를 할 것이라는 희망과 지금은 다이어트 중이라는 안도감 그리고 요요 현상으로 살들이 들러붙을 때의 좌절을 경험한 뒤 다시 다이어트를 할 것이라는 집요한 희망과 안도감 사이를 오가며 다이

어트를 일상으로 만들어 간다. 그것도 아주 강도 높은 다이어트 프로그램과 신종 프로그램을 왕성히 섭렵해 가면서 말이다.

매년 봄이 되면 다이어트의 의지를 다지던 나는, 어느 날 홍대 앞 이탈리안 밥집 언니와 마주 앉아 '만날 좌절감만 맛보는 다이어트 말고 지속 가능한 현실적인 다이어트는 없을까?' 하는 고민을 하기 시작했다. 숙명처럼 매일 부엌에서서 요리를 하고 맛있는 음식 먹기를 지극히 사랑하는 밥집 언니는 석 달 전부터 그녀가 시작한 현실적인 저칼로리 메뉴들을 늘어놓았다.

그것은 공포스러운 닭 가슴살과 달걀흰자의 지루한 반복을 깬 다양한 메뉴였고, 지극히 간단해서 직접 만들어 볼 만했으며, 심지어 맛있기까지 했다. 그러게, 적게 먹는 것도 억울한데 맛없는 음식을 고역스럽게 먹으면서까지 이 짧은 인생의 한 시점을 불행하게 살 수는 없다.

밥집 언니는 석 달 동안의 저칼로리 식사로 무너져 가는 보디라인을 살리고 있었을 뿐 아니라 서른 중반의 흔들리는 건강까지도 착실히 챙기고 있었다. 부엌에서의 오랜 육체 노동으로 푸석해졌던 피부는 생기를 되찾았고, 자세는 반듯해졌으며 적게 먹지만 틈틈이 먹어서 허겁지겁 먹던 때보다 오히려 기운이 돈다고도 했다.

죽자고 하는 일도 다 먹고 살자고 하는 일이듯, 다이어트도 다 행복해지자고 하는 일 아니었던가? 밥집 언니는 반짝 불타는 열정으로 한 달에 10kg씩 감량하는 공격적인 다이어트는 일찌감치 접어 두었다. 서른 중반 즈음으로 들어서니 세상에서 쉽게 얻은 것들은 빨리 떠나간다는 것을 깨달았기에 오래오래 지속할 수 있는 저칼로리 식사로 굶지 않고 맛있게 먹으면서 건강한 몸을 만들자고 다짐했다. 그리고 나는 꽤 효험이 있는 밥집 언니의 저칼로리 메뉴들을 고문에 가까운 다이어트를 하고 있는 불행한 다이어터들과 공유해야겠다고 생각했다.

여기에 소개하는 레시피들이 바로 그것이다.

c o n t e n t s

Part 2. 고칼로리 음식과 이별하는 기술

-야식, 폭식 습관과 이별하기-

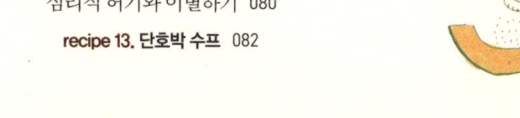

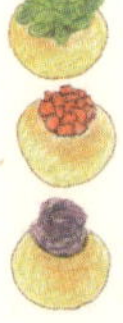

Part 3. 군것질과 타협하는 기술

-탄수화물, 디저트, 군것질과 타협하기-

Part 4. 저칼로리 음식을 유혹하는 기술
-단백질, 착한 지방, 물과 친해지기-

MEMO

가벼운 식탁

양념 사용법

똑같은 재료에 어떤 양념을 가미하느냐에 따라 음식도
다양하게 변신한다. 밋밋할 수 있는 저칼로리 식단에
풍성한 디테일을 주는 양념들을 소개한다.

올리브유(Olive oil)

1큰술에 8.6kcal이다. 샐러드나 가열하지 않는 요리에 사용한다. 음식의 총 칼로리를 높이지 않으면서 포화 지방산을 불포화 지방산으로 대체하기 때문에 포만감을 준다. 지방이 많이 함유된 버터, 마요네즈 대신 사용하면 좋다.

❶ 엑스트라 버진 올리브유(Extra virgin olive oil)_ 열을 가하지 않은 샐러드 등의 드레싱으로 활용한다.

❷ 퓨어 올리브유(Pure olive oil)_ 볶음, 구이 등 열을 사용하는 요리에 적당하다.

발사믹 식초(Balsamic vinegar)

이탈리아 모데나 지방의 포도를 그 지역 전통 방식으로 만든 식초이다. 소화 속도를 늦추고 혈당 수치를 낮춰 준다. 숙성 정도에 따라 가격이 천차 만별이다. 강한 풍미를 느낄 수 있어 특별한 양념 없이도 다양하게 활용할 수 있다.

화이트 와인 식초(White wine vinegar)

화이트 와인을 발효시켜 만든 식초로 색깔도 화이트 와인과 비슷하다. 색이 없는 소스를 만들 때나 가벼운 맛을 원할 때 사용하면 좋다.

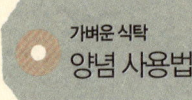

레드 와인(Red wine)

붉은 고기 요리의 잡내를 제거할 때 사용한다. 과일 조림에 사용하면 풍미를 더할 수 있다.

화이트 와인(White wine)

닭고기 등 흰 고기나 해물 요리의 잡내를 제거할 때 사용한다.

MEMO

허브(Hub)

시중에서 쉽게 구할 수도 있고, 집에서 키워도 된다. 필요할 때마다 허브를 구하기는 쉽지 않으므로 건조 허브를 이용한다.

❶ 로즈마리(rosemary)_ 향이 강해 고기 요리의 잡내를 제거할 때 사용한다. 감자, 닭 가슴살 오븐 구이 등에 사용하면 효과적이다.

❷ 바질(basil)_ 달콤한 향이 토마토와 잘 어울려 토마토 요리에 사용하면 좋다.

❸ 오레가노(oregano)_ 박하 향과 비슷하다. 토마토와 잘 어울리고 버섯 구이 등 채소 구이에 사용하면 효과적이다.

❹ 너트맥(nutmeg)_ 우유가 들어간 요리나 디저트에 많이 사용한다. 음식의 고소한 풍미를 한층 상승시켜 준다. 라자냐 등의 이탈리아 요리에 많이 쓰이는 베사멜 소스에 사용한다.

❺ 이탈리안 파슬리(Italian parsley)_ 해산물 요리에 사용하면 좋다.

❻ 월계수 잎(bay leaf)_ 특유의 향이 있어 고기 요리나 육수에 많이 사용한다. 고기 등의 잡내를 제거하는 데 효과적이어서 닭 가슴살 조리 시 사용하면 좋다.

소금(Salt)

음식의 간을 할 때 사용한다. 많이 넣으면 독이 되지만 적절히 사용하면 음식의 풍미를 살려 준다.

후춧가루(Pepper)

맵고 향기로운 풍미가 있어 잡내를 제거할 때 사용한다.

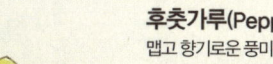

레몬(Lemon)

해산물 요리의 비릿함을 제거하거나 새콤한 맛을 내고 싶을 때 사용한다. 식초와 다른 향긋함을 즐길 수 있다.

가벼운 식탁
저칼로리 드레싱

드레싱은 칼로리를 높이는 주 원인 중의 하나이다. 가벼운 식탁을 차리려면 드레싱과 과감하게 이별해야 하지만, 그것이 쉽지 않다면 가벼운 드레싱을 다양한 방법으로 먹는 타협점을 찾는 것이 좋다.

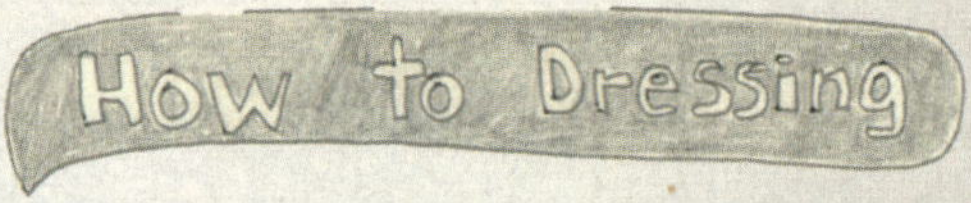

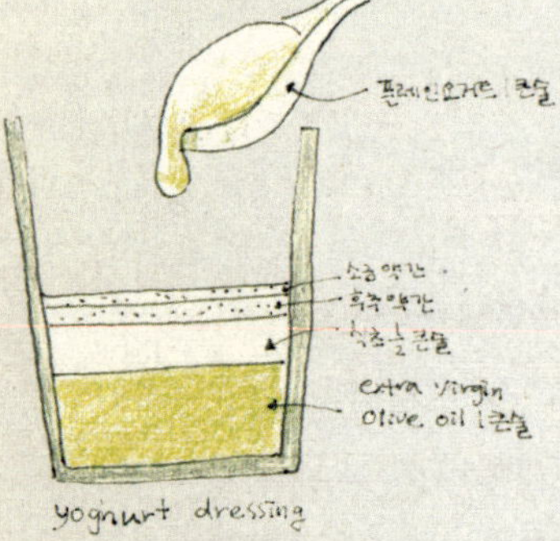

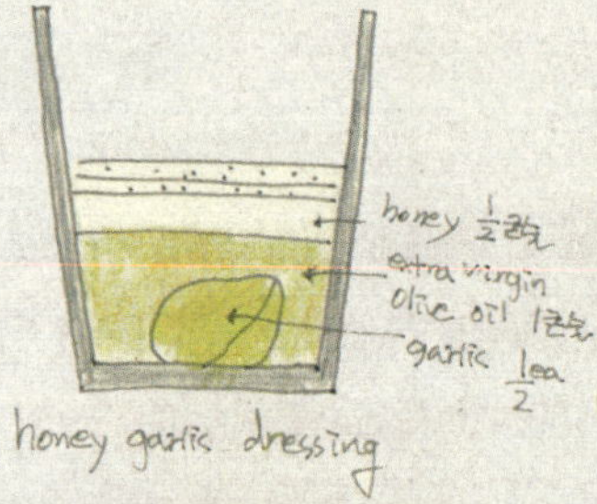

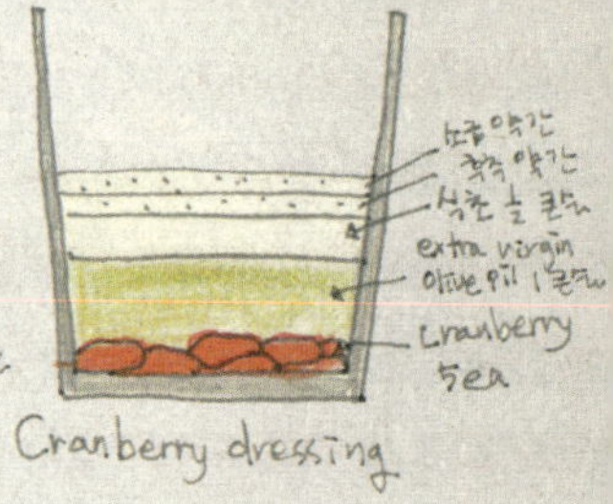

요거트 드레싱

플레인 요거트 1큰술
엑스트라 버진 올리브유 1큰술
식초 ½큰술
소금, 후춧가루 약간

*어울리는 음식: 채소 샐러드, 과일 샐러드

허니 마늘 드레싱

마늘 ½개
엑스트라 버진 올리브유 1큰술
꿀 ½큰술
식초 ½큰술
소금, 후춧가루 약간

*어울리는 음식: 채소 샐러드, 닭 가슴살, 오리 등 고기 요리

크랜베리 드레싱

크랜베리 5개
엑스트라 버진 올리브유 1큰술
식초 ½큰술
소금, 후춧가루 약간

*어울리는 음식: 채소 샐러드, 닭 가슴살 샐러드

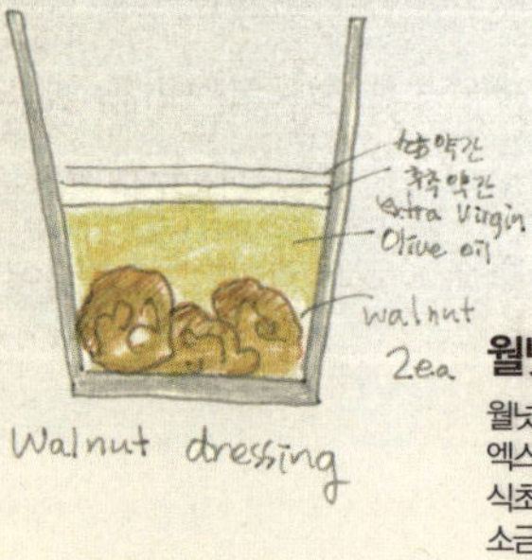

월넛 드레싱

월넛 2개
엑스트라 버진 올리브유 1큰술
식초 ½큰술
소금, 후춧가루 약간

*어울리는 음식: 채소 샐러드, 두부 샐러드, 닭 가슴살 등 고기 요리

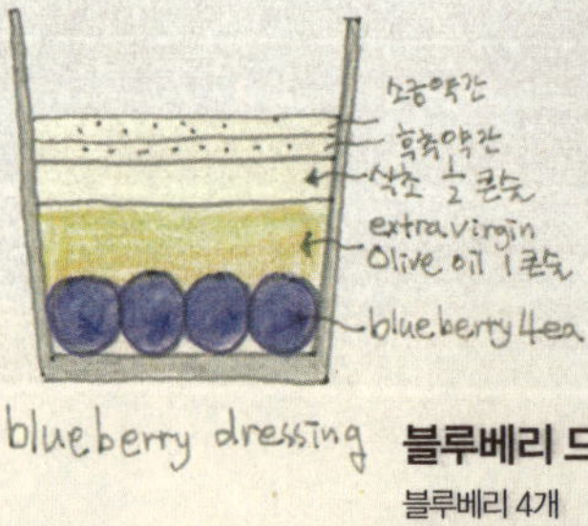

블루베리 드레싱

블루베리 4개
엑스트라 버진 올리브유 1큰술
식초 ½큰술
소금, 후춧가루 약간

*어울리는 음식: 채소 샐러드, 닭 가슴살 샐러드

MEMO

Basil 2ea

소금약간
후추약간
extra virgin
olive 이 1큰술

basil pesto dressing

바질 페스토 드레싱

바질 잎 2장
엑스트라 버진 올리브유 1큰술
소금, 후춧가루 약간

*어울리는 음식: 파스타, 해산물, 토마토 요리

lemon ⅓ ea

소금 약간
후추약간
식초 ½작은술
extra virgin
olive 이 1큰술

lemon dressing

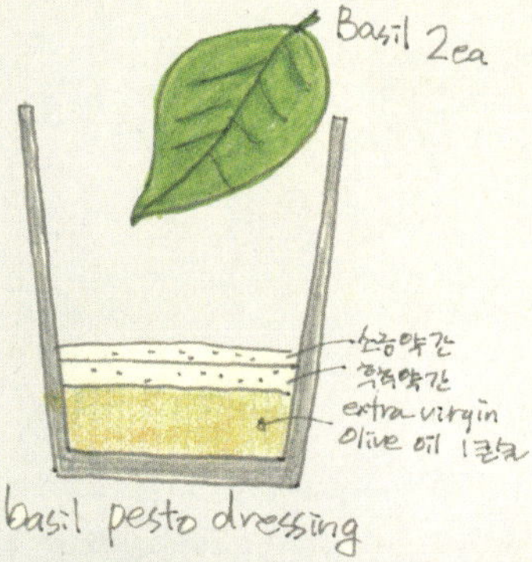

레몬 드레싱

레몬즙 ⅓개
엑스트라 버진 올리브유 ½큰술
식초 ½큰술
소금, 후춧가루 약간

*어울리는 음식: 채소 샐러드, 닭 가슴살,
해산물 요리.

후추 약간
식초 ½ 큰술
extra virgin
olive 이 1큰술
Soy sauce
1큰술

Soy sauce dressing

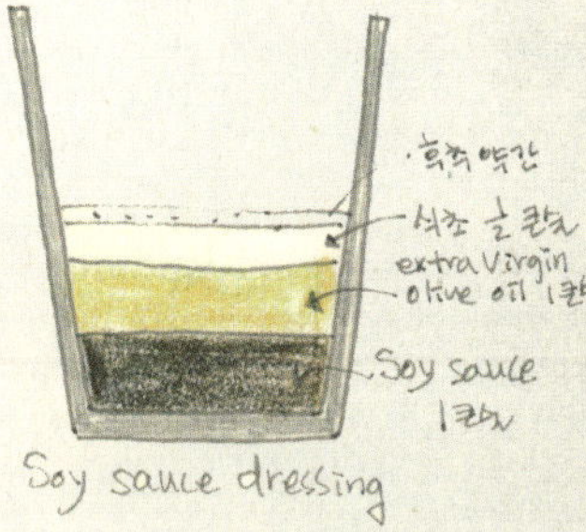

소이 소스 드레싱

간장 1큰술
엑스트라 버진 올리브유 1큰술
식초 ½큰술
소금, 후춧가루 약간

*어울리는 음식: 채소 샐러드, 두부,
쇠고기 요리

소금약간
후추약간
balsamic
vinegar
½큰술
extra virgin
olive 이 1큰술

balsamic dressing

발사믹 올리브유 드레싱

발사믹 식초 ½큰술
엑스트라 버진 올리브유 ½큰술
소금, 후춧가루 약간

*어울리는 음식: 채소 샐러드, 고기요리

후추약간
식초 ½큰술
extra virgin
olive 이 ½큰술
mustard
½큰술

Mustard dressing

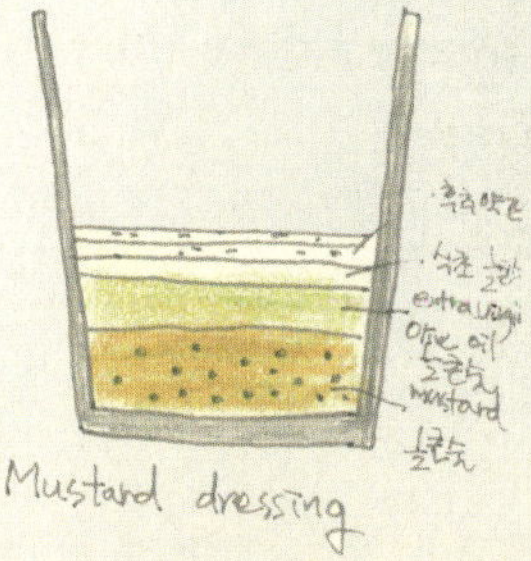

디종 머스터드 드레싱

디종 머스터드 ½큰술
엑스트라 버진 올리브유 ½큰술
식초 ½큰술
소금, 후춧가루 약간

*어울리는 음식: 연어, 돼지고기요리

MEMO

가벼운 식탁

저칼로리 조리법

음식의 칼로리를 낮추는 데 일조하는 것은 바로 조리법이다. 재료가 가진 영양소를 최대한으로 섭취할 수 있게 도와주는 비결 또한 조리법에 있다.

1. 간단한 재료와 조리법 이용하기

재료는 간단해야 하고, 조리법은 무조건 단순해야 한다. 필요한 재료가 많으면 장 보다가 지쳐서 인스턴트 음식을 집어들기 마련이고, 조리법이 복잡하면 요리하다가 신경질이 폭발하기 십상이다. 요리 자체가 간단하고, 차려 놓았을 때 근사해 보여야 요리할 기분이 난다. 대개 채소류는 생으로 먹거나 살짝 데치는 정도로 조리를 최소화해서 영양을 살리도록 하였고, 조리하는 시간도 5~15분 이내로 끝내도록 해서 음식 준비에 지치지 않도록 했다.

2. 오븐을 적극적으로 활용하기

기본적으로 오븐 요리는 기름 없이도 구울 수 있어서 칼로리를 낮추는 조리법으로 안성마춤이다. 게다가 오븐으로 조리하면 맛있기까지 하니 집에 모셔만 두고 있는 오븐이 있다면 이참에 적극적으로 사용해 보기를 권한다. 오븐이 없는 경우는 전자레인지나 팬을 이용한다. 단, 전자레인지를 사용할 경우 수분이 생길 수 있다. 가스레인지에서 팬으로 익힐 경우에는 기름을 약간 둘러야 팬에 재료가 눌러 붙지 않는다. 최소한의 기름을 사용하려면 기름을 팬에 두르고 키친 타월로 살짝 닦아서 팬 표면에 코팅을 해 주는 정도로만 묻혀 주면 된다. 기름을 사용하므로 칼로리가 약간은 올라간다.

3. 양념과 드레싱 사용을 제한하기

양념이 강하거나 드레싱을 많이 사용하면 칼로리가 높아지고, 자극적인 맛으로 인해 식욕이 증가되어서 평소보다 많이 먹게 된다. 그러므로 요리를 할 때는 소량의 양념과 드레싱을 사용하도록 한다.

MEMO

Simple
Foods
diet
Low Calaries
Low SalT
healthy
healthy
easy
Low fat

가벼운 식탁

다이어트 식단

기본적으로 세끼 식사를 규칙적으로 하고 중간중간에 간단하게 간식을 먹어서 소식으로 다섯끼 정도 먹는다. 활동이 많은 오전과 오후 시간에 단백질, 탄수화물 위주로 먹고, 저녁에는 가볍게 샐러드류를 먹는다. 아침은 한식 위주의 식단이 좋다. 이 책에 소개하는 레시피는 대부분 간식, 점심, 저녁에 활용하면 좋은 메뉴들이다.

*** 하루 식단**

아침	칼로리를 낮춘 한식 밥상
간식	우유나 간단한 과일류
점심	샐러드 or 스파게티 or 현미밥 or 샐러드 등
저녁	샐러드류
간식	견과류 or 요거트

*** 일주일 식단**

월요일	아침	현미밥 ½공기, 두부 된장찌개 ½그릇, 채소 샐러드, 달걀 프라이
	간식	우유 1잔
	점심	달걀 호밀 샌드위치
	저녁	자몽 샐러드
	간식	견과류
화요일	아침	현미밥 ½공기, 미역국 ½그릇, 채소 샐러드, 연두부
	간식	바나나 1개
	점심	화이트 스파게티
	저녁	브로콜리 양배추 롤 샐러드
	간식	사과 ½개

수요일	아침	현미밥 ½공기, 청국장 ½그릇, 채소 샐러드, 고등어 구이 약간
	간식	키위 1개
	점심	브루스케타
	저녁	구운 양송이버섯 샐러드
	간식	견과류
목요일	아침	현미밥 ½공기, 달걀찜 ½그릇, 채소 샐러드
	간식	사과 ½개
	점심	블루베리 셰이크 1잔
	저녁	닭 가슴살 블루베리 샐러드
	간식	토마토 1개
금요일	아침	현미밥 ½공기, 쇠고기 구이 약간, 채소 샐러드
	간식	홈메이드 요거트 100ml
	점심	데친 양배추 현미 쌈밥
	저녁	두부 카프레제
	간식	견과류
토요일	아침	현미밥 ½공기, 콩나물국 ½그릇, 채소 샐러드, 가지 나물 약간
	간식	바나나 구이 1개
	점심	레몬 마늘 닭 가슴살 구이
	저녁	브로콜리와 마리네이드 방울토마토 샐러드
	간식	요거트
일요일	아침	현미밥 ½공기, 쇠고기뭇국 ½그릇, 채소 샐러드, 멸치 볶음 약간, 시금치 나물 약간
	간식	고구마 구이 ½개
	점심	프리타타
	저녁	토마토 가지 구이
	간식	견과류

우리의 몸은 불규칙한 식사를 몹시 불안해한다.
불규칙적으로 식사를 하면 우리 몸은 언제 영양분이 공급될지 모르기 때문에 더 많이 먹고, 섭취한 지방을 소비하지 않고 비축한다.
반면 규칙적으로 정해진 시간에 식사를 하면 우리의 몸은 영양분을 최대한 섭취하고 소화시킨다.

적은 양이라도 끼니를 규칙적으로 챙겨 먹는 것,

이것이 현실적인 다이어트의 첫 번째 전략이다.

밥집 언니의 현실적인 다이어트

굶지 않고 저칼로리 식사하기

나는 매일 유혹당한다

인생 참 불공평하다, 왜 나만 살찌는가?

악마의 음식과 내 살의 공범들

오늘은 천사의 날, 내일은 악마의 날

언제나 타이밍이 문제이다

다이어트를 하는 사람의 95%는 다시 살찐다

오래가는 열정, 오래가는 식사 습관

나만의 저칼로리 식사 규칙

story 01

나는 매일 유혹당한다

2009년 12월, 173cm의 키에 57kg의 나는 건강하고 소박한 밥상을 여유 있게 즐길 수 있는 밥집을 열었다. 그러나 밥집을 열고 1년이 지나자 부족한 활동량과 불규칙한 식사로 인해 몸무게가 기하급수적으로 늘어나기 시작했다.

밥집을 연 지 1년여의 시간이 지난 2011년 봄, 늘어나는 나이와 몸무게 그리고 체력 저하로 인하여 삶이 무거워지고 있었다. 변화가 필요했다.

부엌에서 하루 종일 요리하는 것이 일이고, 음식 영화를 보는 것이 취미이며, 틈틈이 음식 소설을 읽는 내가 살이 찌지 않는다면 그건 수상한 일이다. 이렇게 극도로 음식과 친밀하고 다정한 관계를 유지하고 있는 내가 살이 찌는 건 어쩌면 당연한 일인지도 모른다.

생체 리듬학적으로 배가 고프기도 전에 이미 영화 속의 음식들이 나를 유혹하고 있고, 책 속의 문장들은 달콤한 향기를 뿜어낸다. 상상력과 몰입도가 뛰어난 나는, 게다가 추진력까지 확실한 나는, 맛있는 요리 만화책을 그저 눈으로 읽고만 있지는 못한다. '후룹, 쩝, 흡흡, 와구와구'와 같은 의성어들이 난무하는 요리 만화책이나 달콤한 향기와 음식의 질감까지 섬세하게 묘사한 요리 소설을 읽다 보면 당장 책을 덮고 부엌으로 향해야 한다. 활자 속에 담긴 음식을 부엌에서 구체화시키는 즐거움은 요

리해 본 사람만이 아는 기쁨이므로.

요리하는 것을 즐기며 먹는 것을 좋아하는 것은 삶을 윤택하게 해 줬으면 해 줬지 위태롭게 하는 위험 요소는 아니다. 다만 살과의 진지한 대결을 시작하게 된 것은 먹는 것을 즐겨서가 아니라 먹는 것을 제대로 잘 먹지 않은 까닭이라는 게 정확한 분석에 가깝다.

story 02

무라카미 하루키도 투덜댔다

인생 참 불공평하다,
왜 나만 살찌는가?

무라카미 하루키는《달리기를 말할 때 내가 하고 싶은 이야기》라는 책 속에서 아무것도 하지 않고 내버려 두면 살찌기 쉬운 체질인 자신과 아무리 먹고 운동을 하지 않아도 전혀 살찌지 않는 아내를 보며 '인생은 참 불공평하다.'라고 말한다. 노력하지 않으면 쉽게 얻을 수 없는 것을 어떤 사람은 노력하지 않고도 손쉽게 얻기 때문이다. 그러다가 문득 그는 살찌기 쉬운 체질로 태어난 것이 도리어 행운이었는지도 모른다고 생각한다. 매일 운동하고, 식사 조절을 하고, 절제하지 않으면 안 되는 골치 아픈 인생이지만 그 결과로 꽤 건강한 몸을 유지할 수 있었기 때문이다. 그래서 그는 '무엇이 공평한가 하는 것은 장기적으로 보지 않으면 알 수 없는 법이다.'라고 말한다.

그렇다. 나 또한 살찌지 않았다면 이렇게 몸을 돌아보지 않았을 것이다. 평생의 친구가 될 좋은 식습관, 신선한 음식, 몸에 이로운 조리법 등에 대해 생각하고, 몸을 움직여 근육들을 키우며, 세포들을 반짝반짝하게 하려는 이 모든 의지는 내가 살찌지 않았다면 결코 생기지 않았을 것이다. 그러니 괜찮다, 지금 살찐 것은 내 몸을 다시금 돌아보게 했다는 데서 괜찮은 일이다.

story 03

악마의 음식과 내 살의 공범들

'devil food'. 알코올 중독자의 알코올처럼, 알면서도 멀리할 수 없는 음식물을 'devil food'라고 하는 모양인데, 다이어트 책에 쓰여 있었다. 과거, 나의 devil food는 아이스크림이었다. 그 음식물 자체가 나쁜 것은 아니다. 알코올이든 아이스크림이든 다른 사람에게는 맛있는 기호품이다. 다만 어떤 류의 인간에게는 반드시 끊어야 하는 것이다. 그 책에는 평생 포기해야 한다고 분명하게 쓰여 있었다. 1년이나 한 3년 끊는다고 해서 해결되는 것은 아닌 모양이다. 하기야 나는 그 글을 읽고, 아이스크림 없는 인생을 택하느니 차라리 악마에게 몸을 팔겠다고 결심했지만.

-에쿠니 가오리,《당신의 주말은 몇 개입니까》중

그렇다. 에쿠니 가오리처럼 가끔 너무 맛있는 젤라토, 내가 만들어도 너무 맛있는 베사멜 소스가 듬뿍 든 라자냐를 먹을 때면 이런 음식을 끊고 사느니 차라리 악마에게 몸을 팔겠다고 생각한다. 하지만 그 달콤한 순간이 지나고 하루하루 이스트 발효되듯 부풀어 가는 몸을 볼 때면 아니지, 끊어야지, 무슨 수를 써야지, 하는 작은 결심들이 울룩불룩 솟아난다.

살을 빼고 싶다면 우선 왜 급격히 살이 쪘는지 원인 규명에 들어가야 한다. 살을 빼기 위해 떠도는 각종 다이어트 정보를 주워 먹다시피 하고, 각종 다이어트 전법을 익혀 근거도 없이 적용하는 것은 이미 숱하게 경험한 바이지만 그다지 지속적인 효과는 없다. 내 살의 원인을 규명하고 들어가야 진짜 살찌는 습관과 만날 수 있다.

우선 나는 먹는 걸 좋아한다. 하지만 먹는 걸 좋아한다고 다 살찌는 건 아니다.

워낙 먹는 걸 좋아했기에 이탈리안 밥집을 열었다. 늘 먹을 수밖에 없는 환경에 들어온 지 2년이 넘어가고 있는 셈이다. 이탈리아에서 지낼 때는 매일 디저트와 젤라토를 달고 살았는데도 173cm에 57kg 몸무게를 유지했다. 한국에 돌아와서 바로 건강 검진을 했을 때도 체지방률이 정상이었는데 작은 밥집을 하면서 활동량이 줄고 불규칙적으로 식사를 하게 되면서 1년 사이에 6kg 정도가 늘었다. 그러니까 이 지점이다. 살이 찌기 시작한 지점. 활동량이 줄고, 불규칙한 식사가 시작된 지점. 이대로는 곤란하다. 그러니까 틈틈이 먹는 디저트나 젤라토 같은 달달한 음식들이 몽땅 뒤집어 써야 했던 살찌우는 음식이라는 '죄목'은 사실 불규칙한 식사나 부족한 활동량과 정당하게 책임을 나누어야 한다.

나는 지극히 현실적인 사람이어서 잡지 속 모델같이 팔다리에 겨우 살점만 붙어 있는 몸을 원하는 건 아니다. 다시 나의 몸으로 돌아가자, 균형 잡힌 건강한 몸의 상태를 유지하기 위한 생활 패턴으로 바꾸자, 그게 내 저칼로리 식단의 목표였다.

다이어트를 결심하고 지난여름부터 일주일에 두 번은 웨이트 트레이닝을 하고 주 4회는 한강에 나가 1시간 반 정도를 꾸준히 걸었다. 더불어 식사에 대해서도 다시 체크했다. 일을 하면서 무리하지 않게 식사 조절을 해야 했기에 지킬 수 있는 선에서 편하게 시작하는 것이 중요했다. 무조건 굶는 건 결국 지키지 못할 작심 3일 약속에 불과하다. 가장 중요한 것은 먹으면서 할 수 있는 방법을 찾는 것이다.

story 04

내일부터?
오늘은 천사의 날, 내일은 악마의 날

밥집 오픈 이전의 몸으로 돌아가기로 결심하고 운동을 시작했다.
그러나 언제나 그렇듯, 무언가 시작할 때는 변명거리들이 생기는 법이다.
가장 숱하게 내뱉는 변명은 바로 '내일부터'.
오늘은 늘 시간이 없고, 오늘은 야근이 있고, 오늘은 회식이 있고, 오늘은 친구가 한턱 쏘기로 했고, 오늘은 누군가를 위해 위로주를 마셔야 하고, 오늘은 몸이 많이 피곤하다. 그러니 내일부터 하자는 변명이 늘 따라붙는다.

오늘은 천사의 날이고, 내일은 악마의 날이라는 말이 있다.
내 안의 악마는 달짝지근한 목소리로 속삭인다.
'그럼, 그럼, 다이어트 해야지. 그런 의미에서 이별의 기념으로 초콜릿 케이크를 먹고 내일부터 시작하는 거야, 화이팅.'
그렇게 하루씩 유보시켜 가며 악마는 절대 '내일'을 손에 넣지 못하게 날마다 우리 귓가에 속삭인다.

나 역시 밥집이라는 직업적 한계로 원하는 시간의 운동이 힘들었다.
'아, 오늘은 너무 피곤하다. 내일부터 시작하자.' 하고 숱하게 반복하다가 내일을 속삭이는 악마에게 어퍼컷 한 방을 날리고 운동을 시작했다.
늦게까지 밥집 언니로 일하다가 새벽에 일어나는 건 꽤 힘든 일이었지만, 주 2~3회는 아침 7시에 일어나 웨이트 트레이닝을 했다. 퇴근 후 주 4회 정도는 한강에 나가 한남 대교 아래에서 반포 대교까지 왕복으로 빠르게 걸었다. 몸무게의 변화보다 건강하고 예쁜 몸으로 돌아가자는 희망으로 전진하기로 했다.

2011년 9월 가을, 운동한 지 5개월 정도가 지나자 체지방률과 근육량이 변했고 무엇보다 기초 대사량이 20대 초반 수준으로 올라갔다. 근육량이 늘고, 기초 대사량이 는다는 것은 똑같이 운동을 하지 않고도 에너지 소비가 가능한 몸 상태가 되었다는 말이다. 서서히 밥집 이전의 몸 상태로 돌아가고 있었다.

story 05

언제나 타이밍이 문제이다

운동을 시작했으니 불규칙한 식사 문제를 해결해야 했다. 일반적으로 세끼 식사를 먹지만, 바쁜 일상에 쫓기다 보면 한 번은 생략하기 일쑤이다. 어떤 때는 한 번에 몰아 먹기도 한다. 파스타 면발을 삶을 때 타이밍이 중요하듯, 모든 것은 타이밍이 가장 중요하다. 한 번에 몰아 잘 수 있고, 한 번 먹어 두면 며칠 배고프지 않을 수 있고, 한 번 진하게 연애하면 몇 년은 외롭지 않을 수 있다면 얼마나 편하겠는가? 그러나 몸은 매일매일 관심 가져 주길 바라는 식물처럼 몸의 말에 귀를 기울이고 규칙적으로 관리해 줘야 최적의 시스템을 유지할 수 있다.

우리의 몸은 불규칙한 식사를 몹시 불안해한다. 내 몸은 '뭐야? 밥은 도대체 몇 시에 공급되는 거야? 안 되겠네. 먹을 수 있을 때 확실히 먹어 둬야겠어.' 하면서 또 언제 공급될지 모르는 영양분을 대비해서 더 많이 먹고, 또 섭취한 지방을 소비하지 않고 비축해 둔다. 제 날짜에 월급을 또박또박 받는 월급쟁이의 마음이 느긋하다면, 언제 어느 때 허리띠를 졸라 맬지 모르는 나 같은 자영업자들이 늘 생존에 위협을 느끼는 심리와 같다고나 할까?
규칙적으로 정해진 시간에 식사를 하면 우리의 몸은 영양분을 최대한 섭취할 수 있다. 적은 양이라도 끼니를 규칙적으로 챙겨 먹는 것, 이게 내 현실적 다이어트 전략 중의 하나였다.

story 06

다이어트를 하는 사람의 95%는 다시 살찐다

다이어트를 하는 사람의 76%는 다이어트를 시작한 지 3년 뒤에 다이어트 이전보다 살이 더 찌며, 5년 뒤에는 95%나 살이 더 찐다.

-돈쿨릭 · 앤 메넬리, 《팻, 비만과 집착의 문화인류학》 중

이것은 무서운 진실이다.
다이어트 이전보다 다이어트 이후에 살이 더 찌는 이 잔인한 사실은 이미 내게서 확인했고, 내 친구들에게서 종종 확인하는 바이며, 대다수의 다이어트 시도자들에게서 목격할 수 있는 법칙이다.

'나 다음 주부터 다이어트 시작해.'라고 말하는 사람들은 6개월이나 1년 뒤에 만날 때도 똑같은 소리를 반복한다. 그들은 언제나 다이어트 중이거나 다이어트 후 다시 원상 복귀되어 있는 모습 사이에 있다. 이 지긋지긋한 리플레이 현상을 끊기 위해서는 기존의 다이어트 방식으로는 변화를 가져올 수 없다.

단시간 내에 목표에 도달하기 위해 닭 가슴살만 먹거나 밥을 끊거나 꾸준히 할 수 없는 강도 높은 운동으로 자기 한계까지 밀어붙이면 살은 빠진다. 그러나 그

방법이 건강을 지켜 줄지, 지속할 수 있는지는 장담할 수 없다. 그러니 단기간에 살을 빼겠다는 너무 과한 의욕은 부리지 말자. 오히려 조금 가벼운 식사를 하고 식사의 패턴을 조금만 바꾸자고 생각하면 마음을 짓누르는 부담도, 요요에 대한 두려움도 사라진다.

story 07

오래가는 열정, 오래가는 식사 습관

한밤중에 여자의 집 앞으로 달려가 세레나데를 부르는 열렬한 사랑도 얼마 뒤면 곧 시들해진다. 자기 기분에 취해 열탕 안에서 땀 뻘뻘 흘리는 뜨거운 구애를 하는 사람치고 진득하게 오래가는 열정을 보지 못했다.

서른이 훌쩍 넘으면 무슨 일에든 조금 길게 보는 시야가 확보된다. 2주 완성, 4주 완성에 현혹되지 않는다는 말이다. 속성으로 몸을 만들려는 사람들은 변비, 탈진, 빈혈, 탈모, 골다공증 등 여러 부작용도 감수해야 한다. 무작정 굶는 방법을 택하는 사람은 지방과 함께 수분과 근육이 감소하고 각종 미네랄과 비타민 섭취 또한 줄어들어 살은 빠졌는데 가슴이 푹 꺼지고 얼굴도 늙는다.

아름다운 볼륨을 포기하는 다이어트나 노화를 촉진하는 다이어트는 사양하겠다. 나는 건강하게 밥을 먹으면서 살을 빼고자 한다. 그러기 위해서는 잘 먹어야 한다. 단백질, 식이 섬유가 풍부한 저칼로리 식사는 원형 탈모나 피부 노화, 가슴 축소 같은 치명적인 타격을 주지 않으면서도 스스로 만족하는 몸을 만들어 가는 데 도움을 준다.

저칼로리 식이 요법은 단백질과 식이 섬유가 풍부한 음식으로 하루에 1200kcal(여성)나 1500kcal(남성)를 섭취하는 것이다. 저칼로리 식사를 하면 평소보다 500kcal 정도를 덜 섭취하게 되는데, 그러면 1주에 500g 정도 체중이 줄게 된다. 500g씩 차곡차곡 적금을 쌓아 보자. 목표가 그리 멀지 않았다.

story 08

현실적인 다이어트, 나만의 저칼로리 식사 규칙

서른 중반의 내 다이어트는 아주 기본적이고 상식적인 룰을 지키기로 했다.

* 먹고 운동하면서 건강하게 살 빼기
* 일상생활을 하면서 현실적으로 다이어트하기

나는 닭 가슴살만 먹을 수도, 레몬이나 고기 한 종류만 먹을 수도 없으므로, 게다가 굶으면서 장시간 노동을 견딜 수 없고, 종일 운동만 할 수도 없으므로 먹어 가면서 건강하고 지속적으로 할 수 있는 다이어트 규칙을 세웠다.

나만의 다이어트 규칙

❶ 소금, 후춧가루, 고춧가루 등 양념은 최대한 줄인다.

❷ 기름을 최대한 사용하지 않은 조리 방법으로(데치거나 또는 굽거나) 조리한다.

❸ 반복되는 재료로 최대한 다양하게 먹을 수 있게 요리한다.(그래야 오랫동안 질리지 않게 식사 패턴을 유지할 수 있다.)

❹ 설탕, 꿀로 단맛을 내기보다 과일의 단맛을 활용한다.

❺ 국물 요리는 최대한 자제한다.

❻ 하루에 물을 2리터 이상 마신다.

❼ 미네랄, 마그네슘, 비타민제를 복용한다.

❽ 주 2회 웨이트 트레이닝(1시간), 주 4회 유산소 운동(1시간~1시간 30분)을 꾸준히 실시한다.

먹는 것을 조절하는 것만으로는 효과적인 다이어트를 할 수 없다. 물론 운동 자체는 생각보다 칼로리 소모가 그리 크지 않다. 그러나 근력 운동을 병행하는 것은 필수이다. 굶는 것보다는 근력 운동을 통해 근육을 키워 두면 기초 대사량이 증가해서 에너지 소모량이 증가하기 때문에 같은 양을 먹어도 살이 덜 찌는 체질이 된다.
아주 기본적인 다이어트 지침으로 보이지만 실은 이것이 더 어렵다. 이것만 지켜도 평생 건강한 식습관을 만들어 가는 데 성공할 수 있다.

야식이나 폭식의 가장 무시무시한 공포는
먹는 음식의 모든 칼로리가 에너지로 발산되지 못하고
고스란히 몸에 차곡차곡 쌓이면서 살이 된다는 점이다.

음식의 유혹을 이기기 어렵다면 네거티브 푸드 중에서 선택해 보자.

먹어도 속이 덜 부대끼는,
먹어도 높은 칼로리로 복수하지 않는 그런 음식 말이다.

고칼로리 음식과 이별하는 기술

야식, 폭식 습관과 이별하기

그녀가 가장 먼저 이별해야 하는 것

짠

맛

물만 먹어도 살이 찐다며 자신의 저주받은 체질을 억울해하는 친구가 있었다. 그녀는 거대한 몸집에 비해 먹는 양이 형편없이 적었다. 억울할 만도 할 것 같아 '네가 들이마시는 산소까지 살이 되나 보다.' 하면서 그녀를 위로하기도 했다.

하지만 여전히 풀리지 않는 의구심 하나가 있다. 정말 어떤 사람은 물만 먹어도 살이 찌는 것일까?

그때부터 그녀의 작은 버릇들을 지켜보기 시작했다. 그녀는 점심으로 다이어트 의지를 불태우며 샐러드 한 접시를 먹었다. 다만 샐러드 위에는 어떤 채소가 들어갔는지 파악할 수 없을 만큼 후덕한 소스가 올라갔다. 달걀 프라이 하나를 먹을 때도 토마토케첩을 듬뿍 뿌리는 등 모든 음식에는 소스가 기본으로 추가되었다. 국물 있는 음식을 먹을 때는 국물을 한 방울도 남기지 않고 깨끗이 비우기도 했다.

그녀의 집에 갔을 때 찬장과 냉장고 안에 포진해 있는 인스턴트 식품과 맛을 내기 위한 수많은 시판용 소스들을 보고 그녀가 살이 찌는 이유를 확신할 수 있었다. 그녀는 짠맛, 진한 소스들을 무척이나 사랑했다.

기본적으로 판매되는 제품들은 간이 세고 나트륨 함량이 많다. 그것은 사람들이 짠맛에 중독되어 있기 때문이다. 그녀의 미각 세포들은 이미 재료 자체의 맛을 즐기는 것과는 거리가 먼 식사에 익숙해져 있었다. 그래서 소스와 양념이 범벅되어 있지 않으면 먹는 게 밍밍하다고 느낄 수밖에 없는 것이다. 나는 그녀에게 말했다.

"정말 살을 빼고 싶어? 그렇다면 이것들과 당장 이별해야 해."

토마토케첩을 휘휘 두른 잘 구운 스팸 한 조각을 먹으며 한없이 행복해하는 그녀는 아직은 짠맛과 이별할 마음이 없는 듯했다. 그러나 물만 먹어도 살찌는 것을 한탄하기를 그치고 싶다면 짠맛 덩어리인 인스턴트 식품과 고열량의 소스들과 과감히 이별해야만 한다.

1
recipe

무거운 드레싱과 이별하기

브로콜리 양배추 롤 샐러드

60kcal, 요리 시간 10분

재료(1인분)

브로콜리 ¼개, 양배추 ¼개
발사믹 식초 1큰술
엑스트라 버진 올리브유 1큰술
소금 약간

1. 브로콜리를 익힌다. 푹 익히면 맛이 없고 색이 예쁘지 않다.

브로콜리 익히기_ 냄비에 물을 넣고 팔팔 끓인다. 소금을 넣고 먹기 좋은 크기로 자른 브로콜리를 끓는 물에 1~2분 정도 넣었다가 얼음물에 넣어 식힌다.

2. 양배추를 익힌다. 역시 푹 익히면 물컹해져서 식감이 좋지 않다.

양배추 익히기_ 냄비에 물을 넣고 팔팔 끓인다.(끓는 물에 레몬 한 조각을 넣으면 배추 비린내를 없앨 수 있다.) 끓는 물에 찜기를 놓고 양배추를 2등분해서 가운데 심 부분을 제거한 뒤에 올린다. 뚜껑을 닫고 2~3분 끓인다. 삶는 것이 아니라 수증기에 찌는 것이 포인트! 불을 끄고 양배추 상태에 따라 냄비에서 꺼내거나 남은 수증기에 더 익힌다. 남은 열에도 계속해서 양배추가 익으니 다 찐 후에 재빨리 얼음 위에 올리면 좀 더 아삭하게 먹을 수 있다.

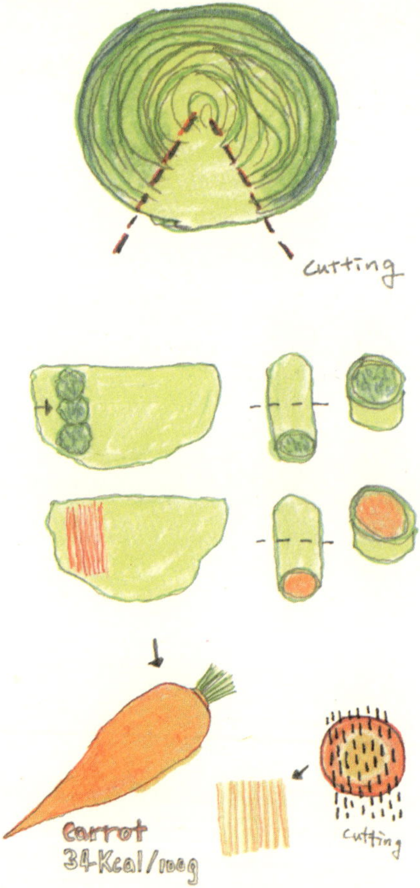

3. 양배추를 깔고 브로콜리를 넣고 돌돌 만 후 한입 크기로 자른다.

※브로콜리 대신 당근을 넣어 도 좋다.

4. 엑스트라 버진 올리브유와 발사믹 식초를 뿌려 먹는다.

양배추 100g/ 30kcal

양배추는 식이 섬유가 많은 저열량의 채소로 장 운동을 활발하게 해 주면서 포만감을 줘서 다이어트에 아주 좋은 채소 중의 하나이다.

다이어트를 한다고 음식물 섭취량을 갑자기 줄이면 배변 문제가 생기므로 다이어트를 할 때는 꼭 양배추를 함께 먹는 것이 좋다. 양배추는 생채소로 먹기도 하고, 뜨거운 물에 살짝 데쳐서 부드럽게 먹기도 한다. 만날 먹는 흰 양배추가 질린다면 보라색 양배추를 골라 보자. 보라색 양배추에는 항산화 효과와 노화 방지에 좋은 안토시안이 들어 있어 여성들에게 특히 좋다.

브로콜리 100g/ 28kcal

브로콜리도 양배추와 마찬가지로 식이 섬유가 많은 저열량 채소 중의 하나이다. 특히 비타민 C와 베타카로틴이 많이 함유되어 있어 피부에 좋다. 다이어트 중에는 변비와 스트레스로 피부에 트러블이 많이 생기고 탄력도 떨어진다. 살을 빼자고 소중한 피부를 소홀히 할 수는 없으므로 다이어트를 할 때는 브로콜리를 비롯해서 당근, 단호박 등 베타카로틴이 풍부한 채소를 많이 섭취하는 것이 좋다.

저칼로리 드레싱으로 입맛을 돋우는

구운 양송이버섯 샐러드

40kcal, 요리 시간 10분

재료(1인분)

양송이버섯 4~5개, 샐러드용 미니 채소 50g
발사믹 식초 1큰술, 엑스트라 버진 올리브유 1큰술
퓨어 올리브유 ½큰술, 소금, 후춧가루 약간
파르메산 치즈 가루 약간

양송이버섯 100g/ 24kcal

양송이버섯은 단백질과 비타민 D가 풍부해 혈중 콜레스테롤을 저하시켜 준다. 게다가 아밀라아제 성분이 소화를 도와주어 다이어트 식품으로 아주 좋다. 다이어트 중에는 단백질 섭취가 중요한데, 고기가 먹고 싶을 때 부담 없이 선택할 수 있는 식품이다.

토핑 만드는 방법

① 양파 올리기

양파 ¼개, 발사믹 식초 4큰술,
퓨어 올리브유 1큰술

1. 양파를 가늘게 채 썬다.
2. 팬에 퓨어 올리브유를 두르고 양파를 볶다가 발사믹 식초를 넣고 갈색이 날 때까지 조린다.
3. 발사믹 식초에 조린 양파를 구운 양송이 위에 올린다.

② 파프리카 올리기 파프리카 ½개

1. 파프리카는 반으로 잘라서 꼭지와 씨 부분을 칼로 제거한다.
2. 0.5cm 정도의 사각형으로 잘라 구운 양송이 위에 올린다.

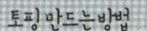

1. 양송이버섯은 기둥을 제거하고 칼로 겉껍질을 벗긴다.

2. 퓨어 올리브유, 소금, 후춧가루를 뿌려서 오븐에 1~2분간 굽는다.

※오븐 대신 전자레인지를 이용해도 좋다. 단, 수분이 조금 생기는 단점이 있다.

3. 채소와 함께 구운 버섯을 보기 좋게 담는다.

※드레싱 없이 먹는 것이 좋지만 뭔가 허전하다면 파르메산 치즈 가루를 약간 뿌리거나 엑스트라 버진 올리브유와 발사믹 식초를 곁들인다.

무거운 소스와 단호하게 이별하기

다이어트를 할 때 가장 무서운 것은 기존의 식습관을 버리는 일이다. 우리가 양념과 소스를 사랑하게 된 것은 그것이 너무 맛있어서라기보다는 강한 자극에 익숙해져서 밥상에 늘 올리는 습관 때문이다. 뇌란 것이 참 요상해서 한 번 습관이 몸에 배면 그에 따라 움직이는 성향이 강하다. '이 인간, 이제 헤어져야지, 진짜 지긋지긋하다.' 하고 생각하면서도 습관처럼 만나게 되는 오래된 연인처럼 말이다. 그렇게 아닌데, 아닌데 하면서 습관처럼 만나는 연애가 주는 것은 조금씩 깊어지는 상처뿐이다. 그러니 이별해야 한다면 냉정하고 단호한 마음이 필요하다. 먹는 것에 대해서도 마찬가지이다.

드레싱과 이별하면 어떻게 이 많은 생채소와 생과일을 먹나 싶지만 무거운 드레싱 대신 약간의 올리브유나 발사믹 식초만으로도 재료의 맛을 더 깊이 느낄 수 있는 식사를 할 수 있다.

예를 들어 오븐 팬에 방울토마토를 담고 퓨어 올리브유와 소금, 후춧가루, 오레가노를 뿌려 200℃의 예열된 오븐에 5~10분 정도 굽는다. 세계적인 스타 요리사 제이미 올리버의 책에 보면 먹음직스럽게 구운 토마토가 자주 나오는데, 그 간단하면서도 맛있는 음식이 바로 이 구운 토마토이다. 구운 토마토를 브로콜리와 함께 접시에 놓으면 보색의 색감도 예쁘지만 맛과 식감도 뛰어나다. 구운 토마토는 마리네이드한 것과는 또 다른 맛을 느낄 수 있는데, 마리네이드한 것은 신선하면서 새콤달콤함을 즐기고 싶을 때 좋고 구운 토마토는 진한 토마토 향과 시골스러운 투박함을 즐기고 싶을 때 좋다. 다이어트 중이라고 해서 매일 같은 방법으로 조리해서 먹는 것은 너무 지겨운 일이므로 같은 재료라도 다양한 아이디어를 내서 색다르게 즐겨 보자.

고칼로리 드레싱 없이 상큼하게 먹기

브로콜리와 마리네이드 방울토마토 샐러드

60kcal, 요리 시간 10분

재료(1인분)

방울토마토 8~10개, 브로콜리 ¼개
레몬즙 ½큰술, 엑스트라 버진 올리브유 1큰술
화이트 와인 식초 ½큰술(없다면 일반 식초로 대체)
바질 잎 약간(없다면 생략), 소금, 후춧가루 약간

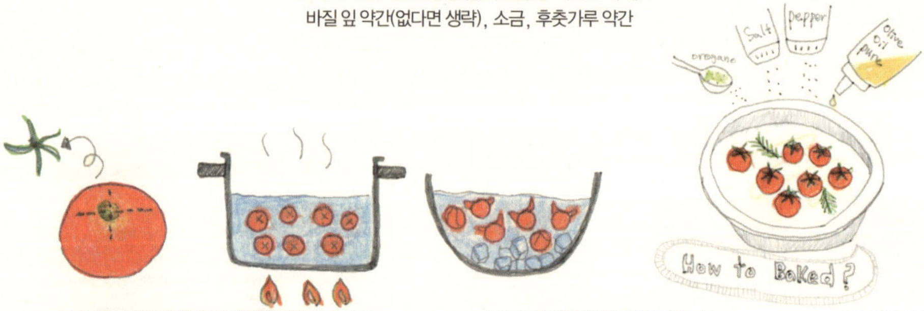

1. 방울토마토 껍질을 벗긴다.

방울토마토 껍질 벗기기_ 방울 토마토에 십자 모양으로 칼집을 낸 후 끓는 물에 살짝 데치면 겉껍질이 쉽게 벗겨진다.

2. 방울토마토를 마리네이드한다.

3. 브로콜리는 끓는 물에 살짝 데쳐 놓는다.

4. 마리네이드한 방울토마토와 데쳐 둔 브로콜리를 한데 담는다.

마리네이드하는방법

볼에 껍질을 벗긴 방울토마토를 담고 엑스트라 버진 올리브유, 화이트 와인 식초, 레몬즙, 소금, 후춧가루, 바질 잎을 넣고 버무린 후 냉장 보관한다.(마리네이드 상태에서 2~3일 정도 냉장 보관이 가능하다.) 바질이 없으면 생략해도 좋다. 화이트 와인 식초 대신 집에 있는 식초로 대체할 수 있다. 레몬즙마저 없다면 맛을 보고 식초 양을 조절한다.

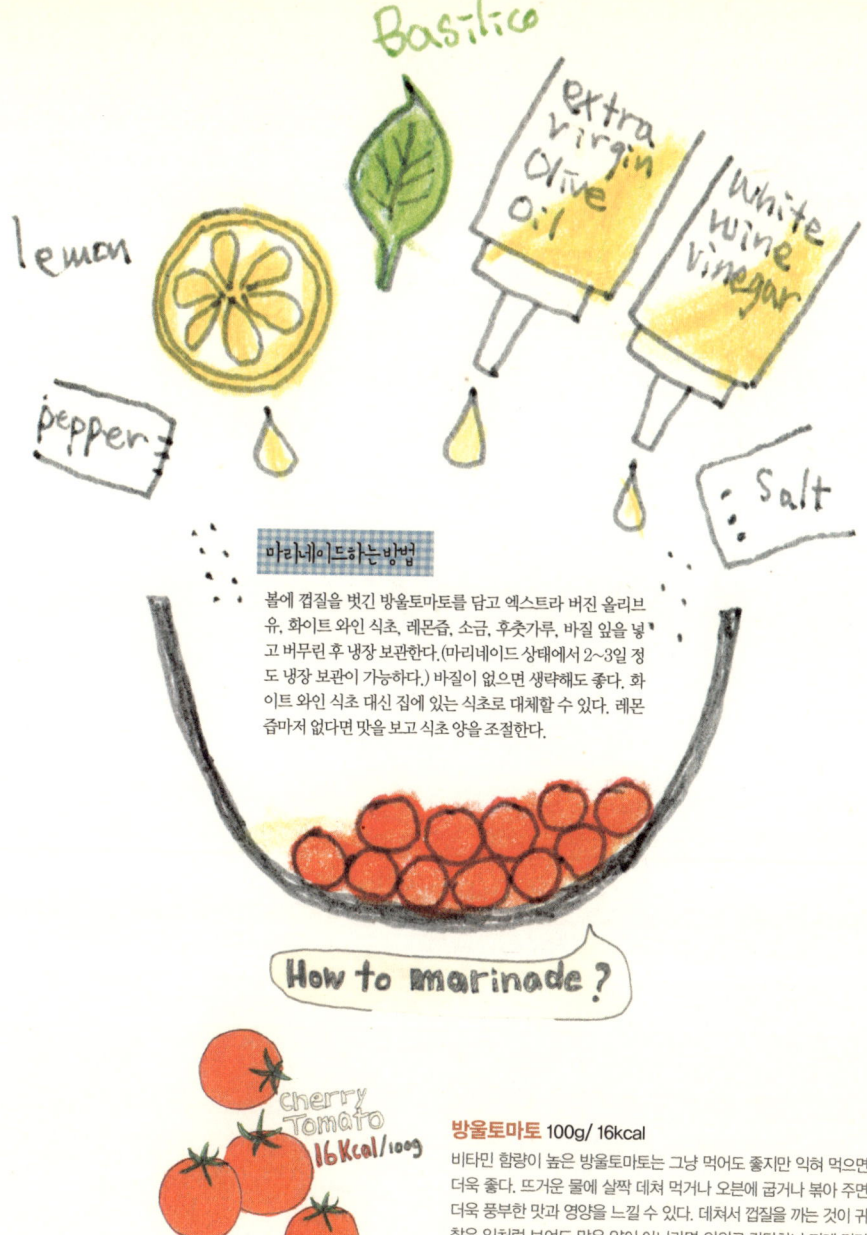

방울토마토 100g/ 16kcal

비타민 함량이 높은 방울토마토는 그냥 먹어도 좋지만 익혀 먹으면 더욱 좋다. 뜨거운 물에 살짝 데쳐 먹거나 오븐에 굽거나 볶아 주면 더욱 풍부한 맛과 영양을 느낄 수 있다. 데쳐서 껍질을 까는 것이 귀찮은 일처럼 보여도 많은 양이 아니라면 의외로 간단하니 지레 겁먹지 말자. 특히 토마토는 올리브유와 함께 먹으면 금상첨화이다.

깊은 밤 혼자 먹는 야식의 위로

직장 동료였던 그녀는 통통한 편이었지만 사람들과 식사를 할 때 많은 양을 먹지는 않았다. 동료들은 그런 그녀를 보며 '왜 그것밖에 안 먹냐? 먹는 것도 없는데 살이 안 빠지는 게 신기하다.'라며 한마디씩 던지곤 했다.

하지만 내가 본 그녀는 결코 적게 먹지 않았다. 긴장이 풀어진 자리, 살을 향해 일격을 가하는 사람들이 없는 자리에서 그녀는 언제나 행복한 만찬을 즐겼다. 그녀는 여러 사람과 있을 때만 부족한 식사, 허기진 식사를 했던 것이다. 나는 그녀가 사람들과 있을 때 긴장하고 있다는 것을 알아차렸다. 다른 사람들과 똑같이 먹어도 '네가 그렇게 먹으니 살찌지.'라는 인격 비하적 공격성 발언을 들을까 봐. '야, 작작 먹어라.'라는 치명타를 맞을까 봐.

식사 후 자기가 진짜 좋아하는 캐러멜 마키아토 같은 건 시킬 엄두도 내지 않았다. '야야, 아메리카노 마셔.'라고 하며 아무렇지도 않게 그녀의 취향에 태클을 거는 주변의 수많은 감시의 눈들 때문이다. 그들은 그녀를 걱정하고 위해 준답시고 그녀에게 함부로 말하곤 했다. '야, 이런 게 살 엄청 찌는 거다, 먹으면 안 돼.' 자신의 의사와는 관계없이 늘 다이어트를 강요당하고 다이어트 정보를 일방적으로 주입당하며 그녀는 분노했다. 물론 속으로. 겉으로 그녀는 사람들에게 늘 친절하고 상냥했다.

뚱뚱한 사람에게 함부로 쏘아 대는 말에 오랜 동안 상처받은 그녀는 끊임없이 스스로 '나는 많이 먹지 않는다.'라고 말했고 사람들과의 식사에서도 자신의 식사 양을 늘 의식했다. 스트레스가 될 텐데……. 나는 그런 그녀가 몹시 안타까웠다. 하지만 그것이 통통한 그녀가 사회에서 상처를 덜 받으며 살아가는 방법이었다.

그런 까닭에 그녀는 저녁에 집에 들어가면 혼자만의 만찬을 즐겼다. 맥주 한 병에 안주로 달걀말이에 케첩을 뿌려 먹거나 나초 칩 한 봉지를 끌어안고 세상에서 가장 편한 자세로 텔레비전을 보는 시간을 좋아했다.

하루 중 가장 평온했을 소파에서의 시간. 그러나 아마 짭짤한 맥주 안주 한 봉지를 입에 탈탈 털어 넣고 나서는 높은 칼로리를 계산하며 긴 죄책감에 시달렸을 것이다.

그런 그녀에게 나초 칩 대신 선물하고픈 음식이 있다.

향만으로도 살이 빠지는 후각 다이어트

자몽 채소 샐러드

70kcal, 요리 시간 5분

재료(1인분)

자몽 ½개
샐러드용 미니 채소 50g

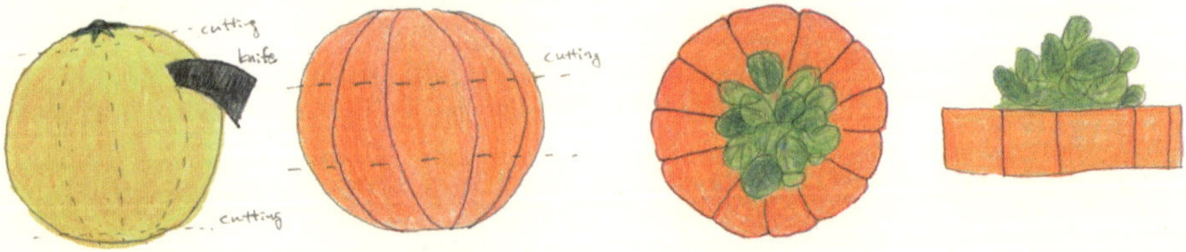

1. 자몽 껍질을 벗긴다.

자몽 껍질 벗기기_ 오렌지, 자몽 등은 표면이 두꺼워서 껍질을 벗기기가 쉽지 않다. 껍질에 돌아가면서 칼집을 넣어 주면, 껍질이 쉽게 벗겨진다.

2. 껍질을 벗긴 자몽을 접시에 적당한 크기로 잘라 놓고, 샐러드용 채소를 곁들인다.

자몽 100g/ 30kcal

원푸드 다이어트 열풍의 주동자이기도 한 자몽은 혈당을 조절하는 호르몬인 인슐린을 조절하고 식욕을 억제해 주기 때문에 다이어트에 효과적이다. 자몽 속에는 펙틴이라는 성분이 들어 있는데 이것이 몸속의 콜레스테롤을 낮춰 준다.
자몽은 특유의 시트러스 향이 교감 신경을 자극해서 지방 분해에 도움이 되기 때문에 향만 맡아도 살이 빠진다. 자몽 특유의 씁쓸한 맛이 싫다면 침대 머리맡에 두고 향이라도 맡아 보자.

5
recipe

지방 함량이 낮은

리코타 치즈 크랜베리 샐러드

80kcal, 요리 시간 5분

재료(1인분)

건크랜베리 1큰술, 리코타 치즈 2큰술
샐러드용 미니 채소 50g, 발사믹 식초 1큰술
엑스트라 버진 올리브유 1큰술

1. 볼에 채소와 리코타 치즈를 담고 건크랜베리를 뿌린다.

2. 드레싱이 필요하다면 엑스트라 버진 올리브유와 발사믹 식초를 약간 뿌린다.

리코타 치즈

원래 리코타 치즈의 'Ricotta'는 '두 번 끓인'이라는 의미로, 유당(Curd)*을 분리하고 남은 유청(Whey)*을 다시 끓여 우유와 크림을 넣어 만든 재활용 치즈이다. 이탈리아에서도 샐러드, 파스타, 디저트에 많이 이용하는 재료 중의 하나로 지방과 칼로리 함량이 낮은 편이고 맛이 담백해 다이어트용 치즈로 손색이 없다.

* 유당: 우유가 산이나 효소에 의하여 응고된 것.
* 유청: 우유가 응고된 뒤 남은 액체. 치즈 또는 카세인을 제조할 때 생기는 부산물을 말한다.

*** 리코타 치즈를 구입할 수 있는 곳** 현대 백화점 목동/ 압구정/ 삼성동점, 신세계 백화점 본점/ 강남점, 킴스 클럽, 한남동 한남 체인 슈퍼마켓, 온라인 치즈 매장 등

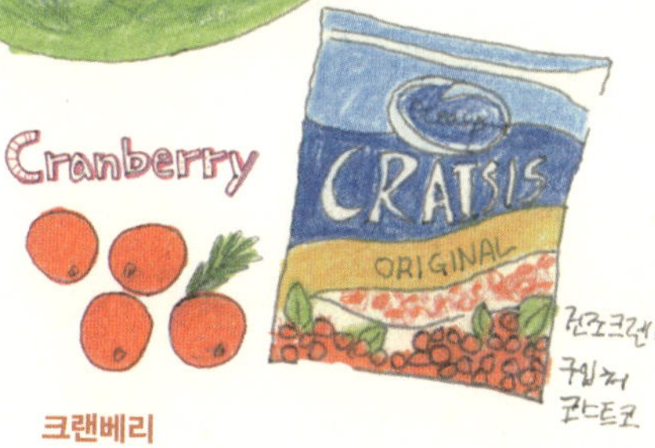

크랜베리

크랜베리는 비타민 C가 많고 체내 유해 산소를 없애 주어 노화를 막아 주고 콜레스테롤 수치를 낮춰 준다. 생과를 구하기 힘드니 건조 크랜베리를 사용한다.

How to homemade cheese

홈메이드치즈만드는방법

커티지 치즈(Cottage cheese) 만들기

커티지는 리코타 치즈와 유사한 유청 치즈이다.

우유 1L, 휘핑 크림 1L, 소금, 후춧가루, 너트맥 가루 약간, 레몬즙 2~3개

❶ 우유와 휘핑 크림을 냄비에 넣고 보글보글 끓인다.

❷ 소금, 후춧가루, 너트맥 가루, 레몬즙을 넣어 잘 섞이게 젓는다.

❸ 약한 불에 끓이면 유당과 유청이 분리된다.

❹ 유청이 잘 빠지게 주걱으로 칼로 자르듯 유당을 자른다.

❺ 레몬의 산이 단백질을 응고시키기 시작하면 불을 끄고 체에 면 보자기를 깔고 치즈를 거른다.

❻ 유청이 빠지도록 무거운 것을 올린 후 냉장고에 넣어 굳힌다.

마인드 컨트롤로 식 욕 보내기

대부분의 사람들은 스트레스를 받을 때 평소보다 더 많은 양의 음식을 먹는다. 특히 여자들은 먹는 것, 그것도 단 음식을 갈구한다. 물론 아주 타격이 큰 스트레스 앞에서 식욕을 발동시키는 사람은 없다. 너무 큰 충격은 식욕마저 잃게 하니까. 오히려 만성이 되어 버린 스트레스, 마음에 갈등을 일으키는 집요한 스트레스가 식욕을 북돋우고, 포만감을 느끼지 못하게 한다. 예를 들면 오랫동안 차곡차곡 쌓인 자신에 대한 불만감, 내 인생의 꼬락서니는 왜 이 모양인가 하는 한탄, 매일 보는 동료에 대한 짜증, 하기 싫은 업무의 연속과 같은 묵은 스트레스들 말이다. 너무 묵어서 그저 일상처럼 되어 버린 스트레스가 허기를 부른다.

뇌를 연구하는 사람들은 그걸 세르토닌의 분비량과 관련이 있다고 말한다. 사람이 행복감을 느낄 때 나오는 호르몬인 세르토닌은 기분이 우울해지거나 스트레스를 받을 때 분비가 줄어든다. 그러면 우리 몸은 줄어든 세르토닌을 유지시키기 위해 식욕을 돋구어 당을 공급해 주고자 한다.

우리는 스스로 행복해지기 위해, 상처로부터 자신을 감싸 주기 위해 먹는 것으로 위로를 하는 것인지도 모른다. 그러나 문제는 이러한 위로는 오히려 독이 된다는 점이다. 맥주와 짭짤한 안주를 끼고 잠이 들 때까지 야금야금 섭취하다 보면, 몸은 더더욱 마음에 들지 않는 지경이 되어 가고, 우울 수치는 높아만 갈 것이다. 굳이 무언가를 섭취하며 상처받은 마음을 위로받아야 한다면 기름에 튀긴 칩 대신 오븐에 구운 칩으로 바꿔 보자.

기름에 튀기지 않은

고구마 칩 채소 샐러드

40kcal, 요리 시간 10분

재료(1인분)

고구마 1개
샐러드용 미니 채소 50g

튀기지 않고 맛탕 만들기

구운 고구마 칩에 살짝 꿀을 바르면 달달한 맛탕의 맛을 느낄 수 있다.

1. 고구마를 씻은 후 얇게 썬다.
2. 200℃로 예열된 오븐에 3~5분간 굽는다.(얇게 썰어서 오븐에 구우면 바삭한 식감을 즐길 수 있다.)
3. 샐러드용 채소를 곁들여 먹는다.

※오븐 대신 퓨어 올리브유를 살짝 바른 프라이팬에 고구마를 구워도 된다.

고구마 100g/ 128kcal

고구마는 감자보다 GI 지수가 낮아 다이어트에 도움이 되는 식품이다. 달콤해서 맛있기도 하고 섬유질이 많아 변비에 좋다. 고구마는 그냥 먹어도 맛있지만 딱딱하고 소화가 잘 되지 않기 때문에 익혀서 먹는 것이 좋다. 삶아서 먹는 것에 질렸다면 기름에 튀기지 않은 고구마 칩이나 셰이크 등을 만들어 보자.

GI(Glycemic Index:혈당 지수)

음식물은 소화 기관을 통해 소화, 흡수되는데 이때 포도당의 형태로 혈액을 통해 몸속에 전달된다. 이때 혈당 수치가 높아져 인슐린 분비가 많아지면 지방으로 축적되고 살이 찐다. GI 지수가 높은 식품들이 살을 찌게 하는데 설탕, 단당류가 이에 속한다. GI 지수가 낮은 식품으로는 바나나, 사과, 오렌지, 토마토, 포도, 미역, 버섯, 시금치, 양배추, 오이, 견과류, 두부, 우유, 고구마, 파스타, 호밀빵 등이 있다. 먹을 때 GI 지수를 조금만 신경 쓰면 맛있게 먹으면서도 살찌지 않는다.

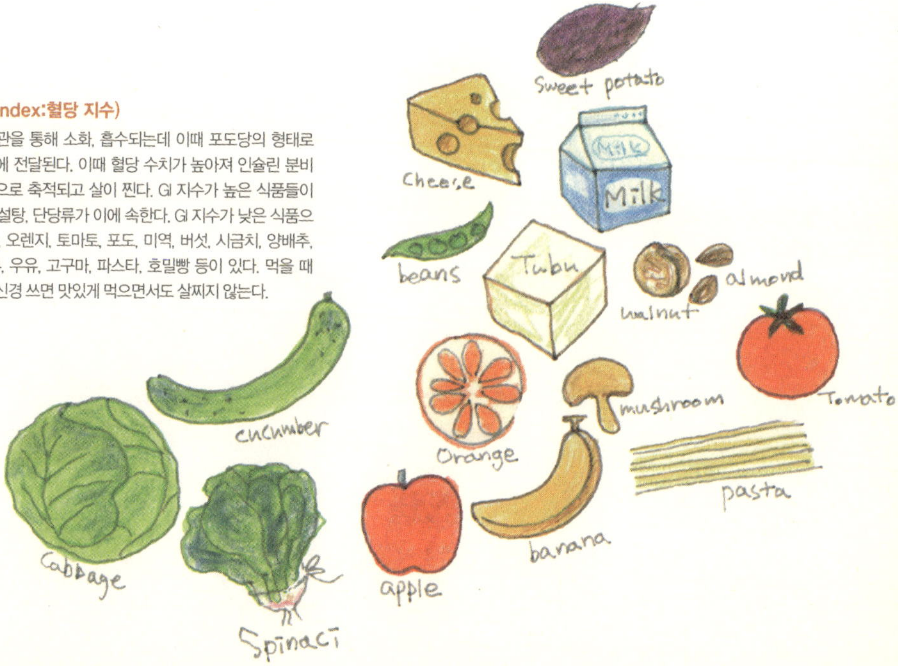

충분히 먹어도 좋은 다이어트 음식

Stay hungry, stay foolish!

스티브 잡스의 명언 중에 이러한 구절이 있다. 이 구절은 다이어트를 하는 나에게도 해당되는 말이다. 다이어트에만 들어가면 나는 늘 허기지다. 한 번이라도 원 없이, 기분 좋은 포만감으로 행복해질 때까지 먹어 봤으면 좋겠다. 충분히 먹어도 살찌지 않는 음식이 있다면 얼마나 좋을까?

여기 먹을수록 피부, 영양, 몸매가 더 좋아지는 음식을 소개한다. 단, 이것 역시도 무한 리필은 절대 안 된다.

쇠고기 살코기, 닭 가슴살 등의 동물성 단백질은 다이어트 기간 동안 근육을 잃지 않도록 도와주고 기초 대사량을 늘려 주기 때문에 충분히 섭취하는 것이 좋다.

굴은 고단백 저칼로리 식품의 대표 주자로 철분, 비타민 C, 비타민 E 함유량이 쇠고기의 2배, 요오드 함유량이 우유의 200배나 많아 피부를 윤기 있게 해 주고 골다공증을 예방해 준다.

브로콜리는 맑은 피부를 원하는 사람이라면 자주 섭취해야 한다. 기미의 원인이 되는 멜라닌 색소를 억제해 피부를 투명하게 해 주고 특히 다크서클을 완화하는

데 탁월하다. 또한 브로콜리에 포함된 베타카로틴 성분은 면역력과 저항력을 높여 암을 예방하고 풍부한 철분으로 빈혈과 고혈압, 심장병을 예방한다.

토마토와 케일도 저칼로리의 좋은 비타민이자 미네랄 공급원이다.

미역과 곤약은 노폐물 배설에 도움이 될 뿐 아니라 심지어 칼로리가 '0'이다.

견과류는 식이 섬유와 좋은 콜레스테롤, 비타민과 무기질이 가득 든 영양의 보고이다. 그중에서도 아몬드는 가장 많은 식이 섬유를 함유해 지방의 체내 흡수를 막아 준다.

7
recipe

맛있는 데다 칼로리도 착한

가지 토마토 구이

100kcal, 요리 시간 10분

재료(1인분)

가지 ½개, 토마토 ½개
샐러드용 미니 채소 50g, 리코타 치즈 1큰술
퓨어 올리브유 약간, 소금, 후춧가루 약간
오레가노 약간

1. 가지를 0.5cm 두께로 썬다.
2. 토마토도 0.5cm 두께로 썬다.
3. 가지, 토마토를 순서대로 켜켜히 쌓아 올리고 사이사이에 퓨어 올리브유와 오레가노, 소금, 후춧가루를 뿌린 후 맨 위에 리코타 치즈를 살짝 올린다.(리코타 치즈가 없다면 생략해도 좋다.)
4. 200℃로 예열된 오븐에 노릇하게 색이 날 정도로 5분간 굽는다.

가지 100g/ 16kcal

보라색 가지에는 안토시아닌이 들어 있을 뿐 아니라 칼로리가 낮아서 다이어트 요리 재료로 정말 좋다. 토마토와의 궁합이 좋아 이탈리아에서는 가지 요리에 토마토를 많이 사용한다. 가지 토마토 구이는 이탈리아 요리 중 파르마지아나 디 멜란자나를 응용한 것이다. 원래 요리는 모차렐라 치즈와 가지, 토마토 소스를 켜켜히 올려 굽는 그라탕 요리인데 치즈가 들어가면 칼로리가 높아지기 때문에 낮은 칼로리의 요리로 응용했다.

오븐없이요리하는방법

오븐이 없다고 지레 포기할 필요는 없다. 오븐이 없어도 얼마든지 맛있는 가지 토마토 구이가 가능하다. 예열된 프라이팬에 가지를 기름 없이 살짝 굽는다. 토마토는 얇게 썰어서 퓨어 올리브유에 살짝 굽는다. 구운 가지와 토마토를 켜켜이 쌓아 올리고 제일 위에 리코타 치즈를 올린 후 엑스트라 버진 올리브유와 오레가노를 뿌린다. 기호에 따라서 발사믹 식초를 곁들여도 좋다.

네거티브 칼로리 푸드

모든 음식에는 칼로리가 있다. 그러므로 먹어서 살이 빠지는 음식은 세상 어디에도 없다. 그러나 특유의 세포 구조 때문에 섭취 후 소화시키는 데 섭취 칼로리보다 더 많은 칼로리를 소비하는 식재료가 있다. 바로 네거티브 칼로리 푸드이다. 네거티브 칼로리 푸드는 칼로리 소모를 높여 주어 자연스럽게 지방을 태워 준다. 먹는 만큼 살이 찌는 것은 당연한 원리이지만 조금만 신경 써 주면 먹으면서 살은 찌지 않는 몸으로 유지시킬 수 있다.

다이어트를 할 때 가장 견디기 힘든 일은 먹고 싶은 음식을 참는 것이다. 그러므로 굶으면서 하는 다이어트는 장기전에는 적당하지 않다. 우선 먹는 양이 줄면 장 활동이 원활하지 못해 화장실에 가기 어렵고, 먹고 싶은 음식도 못 먹고 배불리 먹지도 못해 신경이 예민하게 곤두선다. 바로 여기가 고비이다. 스트레스를 받으면 뇌에서 스트레스 호르몬인 코르티졸이 분비되어 오히려 식욕이 증가한다. 결국 다이어트 스트레스를 참다 못해 폭식을 하고, 폭식을 하고 나면 무한대의 죄책감에 시달리게 된다.

그렇지 않으려면 네거티브 재료들을 식단의 요소요소에 잘 배치시켜야 한다.

네거티브 칼로리 푸드

껍질콩, 당근, 마늘, 브로콜리, 셀러리, 시금치, 아스파라거스, 양배추, 양상추, 양파, 오이, 주키니 호박, 콜리플라워, 사과, 포도, 레몬, 오렌지, 라즈베리, 블루베리, 크랜베리, 멜론, 수박, 닭 가슴살, 참치 등 쉽게 구할 수 있고 자주 먹는 재료가 바로 네거티브 칼로리 푸드이다. 허기질 때 수시로 챙겨 먹으면 포만감이 있으면서도 살이 찌지 않는다.

8
recipe

고마운 네거티브 푸드

구운마늘 샐러드

120kcal, 요리 시간 20분

재료(1인분)

통마늘 1개, 샐러드용 미니 채소 100g
퓨어 올리브유 1큰술, 로즈마리 or 타임 약간
후춧가루 약간

※ 꼭 통마늘일 필요는 없다. 깐마늘을 같은 방법으로 구워도 된다. 마늘 크기에 따라 시간을 조절해 가면서 노릇하게 굽는다.

마늘 100g/ 120kcal

칼로리도 적고 지방도 없는 스테미너 음식이다. 비타민 B1이 들어 있어서 피로 회복에 좋다. 다이어트로 심신이 지쳐 있을 때 마늘을 먹으면 피로를 풀고 원기를 회복할 수 있다. 비타민 B1은 특히 마음을 안정시켜 주는 데 아주 좋다. 마늘을 익히면 매운 맛은 사라지고 달달한 맛이 나서 먹기에도 부담이 없다.

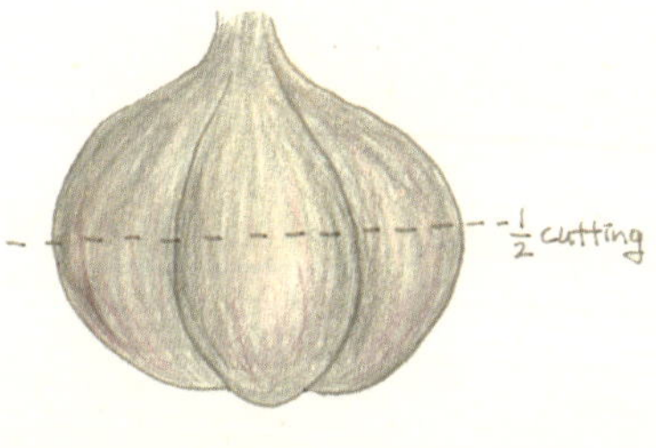

1. 통마늘을 가로로 $\frac{1}{2}$등분으로 자르고(자르면 마늘을 빼 먹기 쉽다.), 퓨어 올리브유와 후춧가루, 로즈마리 혹은 타임을 뿌린다.(허브가 없으면 생략해도 좋다.)

2. 200℃로 예열된 오븐에 20분간 구우면 겉이 노릇하게 로스팅된 달달한 마늘 구이가 완성된다.

※오븐 대신 퓨어 올리브유를 살짝 바른 프라이팬에 마늘을 구워도 된다.

3. 접시에 마늘을 담고 샐러드용 채소를 곁들인다. 마늘을 구울 때 나온 마늘 기름을 채소에 살짝 뿌리면 다른 드레싱 없이도 마늘과 허브 향이 가득한 샐러드를 먹을 수 있다.

9
recipe

변비를 예방하는

키위 채소 샐러드

60kcal, 요리 시간 5분

재료(1인분)

키위 ½개, 골드 키위 ½개
방울토마토 8~10개, 샐러드용 미니 채소 50g

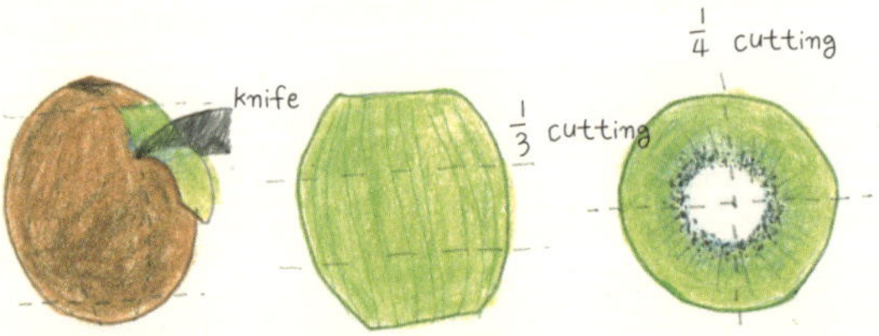

1. 키위 껍질을 벗기고 3등분으로 자른 후 다시 4등분한다.
2. 채소와 함께 컵에 예쁘게 담는다.

키위 100g/ 54kcal

키위는 열량이 적고 비타민과 식이 섬유소가 많아 소화를 촉진시키고 배변 활동을 도와준다. 다이어트를 할 때는 변비가 늘 따라다니므로 변비가 생기기 전에 섬유소가 많은 키위를 잘 챙겨 먹도록 하자. 골드 키위는 체내 유해 활성 산소를 제거하는 데 효과적이다.

초간단 도시락 만드는 방법

과일 케밥(Fruit Kebobs)

꼬치에 키위와 토마토를 꽂는다. 토마토 말고 다른 재료를 응용하면 또 다른 맛을 낼 수 있다. 도시락 통을 들고 나가는 수고로움을 덜기 위해 꼬치에 꽂아서 비닐에 싸면 좋다. 꼬치에 꽂혀 있어서 과일이 무르거나 상하지 않고 들고 먹기에도 편하다.

아침을 개운하게 만드는

레드 와인 사과 샐러드

150kcal, 요리 시간 30분

재료(1인분)

사과 ½개
샐러드용 미니 채소 50g
리코타 치즈 1큰술
정향 1개(없으면 생략)
레드 와인 100ml
발사믹 식초 1큰술

사과 100g/ 57kcal

사과는 맛도 좋고 먹기도 편해 365일 매일 먹는 과일 중에 하나이다. 특히 아침에 먹는 사과는 보약이다. 사과에서 새콤한 맛을 내는 산은 항산화 효과가 있어 피로 회복에도 좋고 노화 방지에도 좋다. 사과 속의 펙틴 성분은 배변 운동을 도와주어 변비에 좋다.

한 번 만들 때 사과 2~3개 분량을 만들어 냉장고에 보관하면 5회 정도는 먹을 수 있다.

1. 사과를 둥근 모양으로 썰고 가운데 씨 부분을 제거한다.

※사과 씨를 빼는 도구를 활용하면 간단히 빼낼 수 있다. 도구가 없다면 칼을 이용해 먹기 좋은 크기로 사과를 자른다.

2. 레드 와인과 발사믹 식초에 사과와 정향을 넣고 조린다.

3. 조린 와인을 사과 위에 뿌린다. 리코타 치즈를 곁들이면 더 근사한 샐러드가 완성된다.

나를 뒤척이게 하는 밤의 유혹

다이어터들이 하루를 무사히 잘 보내도 마지막에는 복병이 숨어 있다. 바로 밤이면 밤마다 옆구리를 찌르는 야식의 유혹이다. 다이어터들에게 밤은 유혹의 시간이자 공포의 시간이다.

'그냥 자? 말아? 그냥 자자. 아니지, 그럼 밤새 이렇게 뒤척이겠지? 눈 딱 감고 오늘만 저질러?'

늦게 배운 도둑질에 밤새는 줄 모른다 했던가? 늦게 먹는 야식에 살찌는 줄 모른다. 왜 밤에 먹는 음식은 더 입에 짝짝 붙고, 왜 밤에는 꼭 기름지고 짠 음식들이 당기는지 원망스럽지 않을 수 없다.

하지만 야식의 가장 무시무시한 공포는 먹는 음식의 모든 칼로리가 에너지로 발산되지 못하고 고스란히 몸에 차곡차곡 쌓이면서 살이 된다는 점이다. 유혹의 대가는 혹독해서 섭취한 칼로리는 에너지원으로 쓰이지 못하고 그대로 살이 되고, 위산이 역류해서 역류성 식도염이나 위장 장애가 생기기도 한다. 게다가 잠까지 푹 자지 못하니, 잠깐의 행복이 주는 긴 고통을 생각하면 낮 동안 너무 굶주려서는 안 된다. 낮 동안 너무 강인한 의지로 허리띠를 졸라 매면 밤에 폭발해 버리고 만다.

밤의 유혹을 이기기 어렵다면 네거티브 푸드 중에서 선택해 보자. 먹어도 속이 덜 부대끼는, 먹어도 높은 칼로리로 복수하지 않는 그런 음식 말이다. 밤마다 기름에 푹 튀긴 치킨이나 햄버거, 프라이드 포테이토 같은 것들의 치명적인 유혹의 손길을 단호하게 떨쳐 내기 어렵다면, 바삭한 감자 튀김을 대신할 음식을 궁리해 볼 수밖에 없다.

감자 튀김이 부럽지 않은

사과 칩 리코타 치즈 샐러드

110kcal, 요리 시간 60분

재료(1인분)

사과 ½개
샐러드용 미니 채소 50g
리코타 치즈 3큰술

★ How to apple chip?

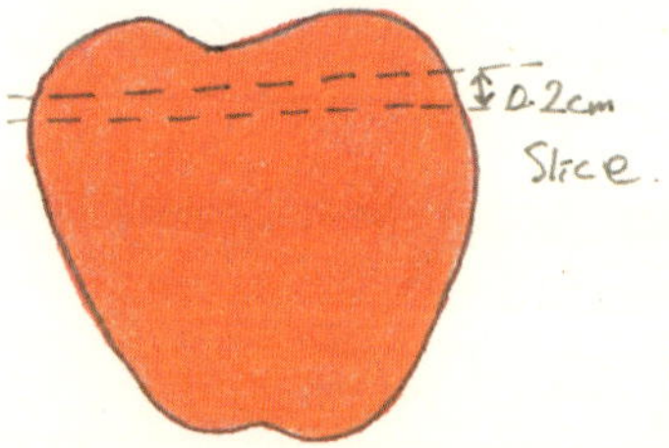

1. 사과를 0.2cm 두께로 썰어서 오븐 팬에 한 장씩 깐다.

※아삭한 식감을 느끼고 싶다면 생사과를 이용한다.

2. 오븐용 종이를 깔고 사과 조각을 올린 후 100℃로 예열된 오븐에서 1시간 이상 건조시킨다.

3. 바삭한 사과 칩이 완성되면 그 위에 리코타 치즈를 한 숟가락씩 올리고 채소를 곁들인다.

먹어야 행복해진다면 제대로 먹기

텍사스 대학교 심리학 연구팀과 예일 대학교 의과 대학 뇌 과학 연구팀이 공동으로 수행한 연구 결과, 비만일수록 도파민 분비가 저하된다는 사실이 밝혀졌다. 연구 결과에 의하면 뚱뚱한 사람은 점점 더 많은 양의 음식을 먹을 수밖에 없다. 쾌감과 행복을 느끼게 하는 호르몬인 도파민을 분비시키는 가장 쉬운 방법이 바로 음식을 먹는 것이기 때문이다. 특히나 기름진 음식을 먹게 되면 도파민의 분비가 활성화되면서 쾌감이 느껴진다. 우울하거나 기분이 다운되어 있을 때 단것 말고도 바삭하게 튀긴 음식이나 마블링이 제대로 된 고기가 생각나는 것은 다 그런 이유 때문이다. 하지만 음식으로 뇌 속의 행복 단추를 반복적으로 누르다 보면 어느 순간 만족감이 느껴지지 않는다. 그러면 만족감에 도달하기 위해 점점 더 많이 먹게 된다. 마치 진통제처럼 말이다. 처음에는 몸이 진통제에 반응하지만 점점 반응이 더딘 것처럼 억지로 누르는 뇌의 행복 단추는 어느 순간 고장이 일어난다.

행복해지고 싶을수록, 자신을 위로하고 싶을수록 결국에는 더 많이 먹게 된다. 먹는 것 외에 무언가에 몰입할 수 있는 즐거운 놀이나 운동, 취미 활동을 가져야 한다고 조언하기도 하지만 먹는 것에 기대는 것이 가장 손쉽고 빠르기 때문에 그 조언은 쉽게 영향력을 발휘하지 못한다.

식욕에 제동을 걸기 어렵다면 단숨에 먹지 않기란 쉬운 일이 아니다. 그럴 때는 제동을 거는 몇 가지 장치를 마련해 볼 수 있다.

첫째, 이왕 먹어야 한다면 단백질 음식을 먹는다. 단백질 음식을 먹으면 1시간 정도 후에는 기초 대사율이 높아지기 시작해서 몇 시간씩 체온이 올라간다. 그 말은 포만감을 느끼는 포만 중추가 자극되는 시간이 길어지면서 허기를 덜 느끼게 된다는 뜻이다. 포만감을 길게 느끼는 데는 단백질이 최고이며, 그 다음이 탄수화물, 지방 순이다.

둘째, 먹어야 한다면 복합 탄수화물을 먹는다. 복합 탄수화물은 섬유질이 풍부해서 우리 몸에 좋은 탄수화물이다. 반면 정제된 탄수화물, 즉 설탕이나 흰 밀가루, 흰쌀 등은 빠르게 혈당을 올려 순간적으로는 허기를 면하게 하지만 혈당을 빠르게 떨어뜨리면서 배고픔을 금방 느끼게 한다.

확실한 포만감을 주는

단호박구이

100kcal, 요리 시간 10분

재료(1인분)

단호박 ¼개
샐러드용 미니 채소 50g
퓨어 올리브유 약간
오레가노 약간(없으면 생략)

단호박 100g/ 29kcal

비타민과 베타카로틴이 풍부하고 식이 섬유와 지방이 적어서 포만감을 주는 채소 중의 하나이다. 식이 섬유가 많아 배변 활동에도 도움을 주기 때문에 다이어트 중에 활용하면 좋은 식재료이다.

호박 특유의 향이 싫다면 시나몬 가루를 뿌려 주면 좀 더 깊이 있는 향과 맛을 즐길 수 있다. 아몬드 조각을 뿌려 주면 바삭한 아몬드의 식감 때문에 고소한 맛을 즐길 수 있다.

1. 단호박을 칼로 잘라서 숟가락으로 씨를 발라낸 후 먹기 좋은 크기로 자른다.
2. 단호박을 오븐 팬에 올리고 퓨어 올리브유와 오레가노를 뿌려 200℃로 예열된 오븐에 10분간 굽는다.
3. 샐러드용 미니 채소를 곁들여서 먹는다.

※오븐이 없다면 단호박을 찐 후 퓨어 올리브유를 살짝 바른 프라이팬에 굽는다.

심리적 허기와 이별하기

'오늘은 너무 우울하다, 맛있는 거 먹으러 가자!'

'오늘 이 과장이 나를 제대로 긁었다, 디저트 뷔페 가서 싹 쓸어 주자.'

화가 난 날, 우울한 날, 심리적인 공황 상태에 빠진 날이면 급격히 허기가 찾아오곤 한다.

그렇다. 여자들은 종종 마음의 허기를 육신의 허기로 착각한다. 불편한 진실은 대개의 경우 우리 위가 배고픈 것이 아니라 우리 마음이 고픈 것이다. 남자보다 섬세한 감성 시스템을 가진 여자들의 마음에는 종종 이런 거대한 블랙홀이 생긴다. 실연 후에 찾아오는 폭식 증상처럼 마음에 생긴 블랙홀은 음식을 흡입하려고 한다.

사랑하는 사람과의 이별은 사람이 받을 수 있는 스트레스 중에서도 강도 높은 스트레스에 해당한다. 그러니 연애에 실패한 후 혼자가 된 사람은 종종 스트레스에 노출되어 있다. 스트레스는 뇌의 취약 지점을 찾아 집중 공략한다.

가뜩이나 취약한 뇌를 보호하기 위해서라도 울적한 날에는 진저리치도록 달콤하거나 눈물이 쏙 빠지도록 매운 음식으로 스트레스를 달래 줘야 한다. 달콤함이 스트레스를 달래는 방법이라면 눈물이 쏙 빠지는 매운맛은 스트레스와의 전면전에 해당한다. 땀을 뻘뻘 흘려 가며 통증에 가까운 매운 음식을 먹다 보면 갑자기 전투적으로 살고 싶은 의욕이 생긴다. 사랑하는 사람이 떠났다고 마치 세상이 끝난 것처럼 슬픔에 젖어 있다가 매운맛 하나에 '세상에 남자가 너밖에 없느냐?' 하는 소리가 절로 나온다.

매운맛도 화들짝 놀라게 하는 등급이 다르고, 혀를 욱신거리게 하는 세기가 다르며, 묵직함과 화끈함의 질감이 다르다. 싱거운 할라피뇨란 있을 수 없고, 순한 청양고추란 청양고추가 아니듯 제각각 고추의 종류에 따라 개성과 매운 정도의 데시벨이 다르다. 매운맛의 기준표에 의하면 피망이 0에 해당한다고 볼 때, 헝가리안 엘료우는 4천, 타바스코는 3~5만, 카엔은 10만, 인도산 버드아이는 12만 5천, 아주 매운 아바네로라는 고추는 무려 30만에 이른다고 한다. 거의 죽음의 경지이다. 사생결단의 자세로 혀가 욱신욱신할 때까지 먹다 보면, 어느새 몸속에 축축히 찼던 슬픔은 땀으로 다 증발하는 것 같다.

그러나 다이어터들에게 매운 음식은 피해야 하는 음식 중의 하나이므로 그를 대신해 마음의 허기를 채워 주는 따스한 요리를 소개한다.

13
recipe

마음의 허기를 채워 주는

단호박수프

220kcal, 요리 시간 20분

재료(2인분)

구운 단호박 ¼개, 우유 100ml
휘핑 크림 20ml, 소금, 후춧가루 약간

1. 구운 단호박을 핸드 믹서로 갈아서 퓌레를 만든다.(구운 단호박 만드는 방법 p.79 참고.)
2. 냄비에 우유를 넣고 끓인다.
3. 준비해 둔 호박 퓌레를 넣고 저어 준다.
4. 소금과 후춧가루로 간하고 적당한 농도를 위해 약간의 휘핑 크림을 넣어 보글보글 끓이면 단호박 수프가 완성된다.

※퓌레 : 요리에 기본적인 맛을 내는 재료로 육류나 채소류를 갈아서 체로 걸러 농축시킨 것을 말한다.

원래는 농도를 맞추기 위해서 녹인 버터에 밀가루를 볶아 만든 '화이트 루'를 넣어야 하는데, 이 과정은 번거롭기도 하고 되도록이면 버터 사용을 하지 않는 게 좋으므로 생략한다.

장기전에서 살아남으려면 너무 혹독해져서는 곤란하다.
그래서 필요한 것이 타협의 기술이다.
의지력이 약한 스스로를 인정하고 채찍 대신 당근을 주는 편이 현명한 방법이다.
가끔은 치즈 케이크도 먹고 싶고 생크림이 가득 올라간 케이크도 먹고 싶다.

무언가 몹시 먹고 싶을 때는 분명 이유가 있다.

그런 때는 단것에 엎어지지 말고
현명한 저칼로리 디저트로 대체해 보자.

Part 3

군것질과타협하는기술

탄수화물, 디저트, 군것질과 타협하기

무시무시한 칼로리의 버터를 뺀
저칼로리 영혼의
수
프

온몸을 훈훈하게 해 주는 수프에는 보통 크림과 베사멜 소스가 들어간다. 둘 다 무시무시한 칼로리를 자랑한다. 목구멍을 타고 매끈하게 흘러 들어가는 그 따뜻한 수프 속에는 다이어터들을 위협하는 위험 인자가 숨어 있다. 수프가 생각날 때는 크림이 들어가지 않은 양파 수프를 먹자. 물론 오리지널 양파 수프 레시피에는 엄청난 버터가 들어간다.

지방이 많이 들어간 음식이 입에 착 달라붙고 맛있는 것은 사실이다. 그래서인지는 몰라도 프랑스 요리사들이 제일 중요하게 생각하는 음식 재료는 바로 버터이다.

어쨌든 나는 그 유혹적인 버터를 과감히 빼기로 했다. 대신 올리브유를 사용하고 기름 양도 최소화했다. 깔끔한 맛의 양파 수프도 충분히 영혼의 따듯한 온기를 만들어 줄 수 있으니까.

칼로리의 두려움을 없앤

버터를 뺀 양파 수프

80kcal, 요리 시간 30분

재료(2인분)

양파 1개, 채소 육수 3국자
퓨어 올리브유 2큰술, 화이트 와인 1작은술
소금, 후춧가루 약간, 타임 약간

1. 양파를 얇게 채 썬다.
2. 팬에 퓨어 올리브유를 두르고 양파를 볶는다. 화이트 와인을 부어 잡냄새를 없애 준다.
3. 양파는 갈색빛이 날 때까지 볶는다. 이것을 요리에서 '캐러멜라이즈화'한다고 한다.
4. 화이트 와인을 넣는다.
5. 채소 육수를 넣어서 양파가 풀어질 정도로 20~30분간 끓인다.
6. 국물이 갈색이 되면 소금, 후춧가루, 타임을 넣고 간을 맞춘다.

양파 1개/ 50kcal

양파는 열량이 적고 콜레스테롤 수치를 낮춰 주어 다이어트에 좋다. 양파는 익으면 달콤해져서 다양한 요리에 활용하면 맛을 더한다.

7. 수프를 그릇에 담고 빵을 수프에 담가 먹으면 든든한 한 끼 식사가 완성된다.

채소 육수 만들기

채소 손질 후 남은 자투리 채소를 모아 두었다가 월계수 잎, 통후추와 함께 20분 정도 끓여 준다. 국물 요리에 육수로 사용하면 좋다.

화성에서 온 남자보다 금성에서 온 여자가 오래 사는 까닭

수
다
다이어트

전화통을 붙잡고 1시간 동안 얘기하다가 끊으면서 '그래, 조금 있다 보자.'라고 말하는 여자들을 보며 남자들은 고개를 절레절레 흔든다.

'씰~데 없는' 수다의 위력을 모르는 뭇 남성은 나이가 들어가면서 동맥 경화증에 걸리듯 감정의 혈류가 딱딱하게 굳어 간다. 울음을 참는 남자도 마찬가지이다. 차마 울지도, 시시콜콜 속마음을 털어놓지도 못하는 축에 속하는 사람들은 마음에 시멘트를 더께더께 바르듯 감정을 감추고 살아간다.

그런 점에서 수다는 긍정의 힘이다. 수다를 즐기는 여자들은 언어를 통해 자신의 막힌 것들을 흘려보낸다. 마치 노래를 부르듯 수다는 꽉 막힌 마음에 환기를 시켜 주는 창문과도 같다. '씰~데 없는' 그 언어의 향연을 통해 마음에 맺힌 것들, 푹푹 속을 끓이고 있는 것들, 부글부글 염장을 지르는 것들을 하나씩 하나씩 털어 낸다. 그런 창문 하나 없이 마음을 꽉꽉 닫아 두고만 있다가는 언제 어느 때 호흡 곤란을 느낄지 모른다.

물론 위험 부담이 없는 것은 아니다. 수다의 성격에 따라 스트레스를 건강하게 흘려보낼지 오히려 되로 주고 말로 받아 올지는 알 수 없다. 수다를 떠는 상대방이 지능적으로 내 약점을 더 건드리거나, 내 상처를 더 긁어 대거나, 내 심술보를 더 부풀리거나 하는 경우의 수가 아주 없지 않기 때문이다. 그녀의 연애는 나보다 잘되고 있으며, 그녀의 연봉은 나보다 높으며, 그녀의 삶은 나보다 윤택해서 나의 지질한 걱정 쪼가리들이 형편없이 초라하게 보일 때 수다는 가슴을 더욱 답답하게 할 뿐이다. 그러니 부디 즐거운 수다가 필요하다면 나와 수다 코드가 잘 맞는 친구와 시간을 보내자. 스트레스는 군더더기 살 한 점을 더 붙이는 결과를 만들기도 하니 말이다.

건강한 수다와 함께하는 식사는 식사 시간을 느긋하게 즐기게 해 주므로 뇌가 포만감을 느낄 수 있는 충분한 시간적 여유를 제공한다. 음식을 허겁지겁 먹지 않게 하고, 기분을 유쾌하게 하는 효과까지 있다. 그러므로 수다를 떨며 음식을 천천히 먹는 것만으로도 다이어트 효과를 볼 수 있다. 칼로리를 줄이는 것뿐만 아니라 식사 습관만 잘 들여도 군살을 줄일 수 있는 여지가 곳곳에 숨어 있다.

즐거운 수다가 음식의 칼로리를 줄이는 것만큼의 효과가 있다는 사실을 기억해 두자.

거름진 마요네즈와 타협하는 법

1/2칼로리 마요네즈 코우슬로

120kcal, 요리 시간 10분

재료(1인분)

양배추 ¼개, 다진 양파 1큰술
레드 파프리카 ½개, 달걀노른자 1개
엑스트라 버진 올리브유 1큰술
소금, 후춧가루 약간

1. 홈메이드 마요네즈를 준비한다.

2. 양배추를 얇게 채 썰어서 얼음물에 담가 둔다. 그래야 아삭아삭하게 먹을 수 있다.

3. 파프리카를 잘게 다진다.

마요네즈 만드는 방법

그릇에 달걀노른자 1개, 다진 양파 1큰술, 엑스트라 버진 올리브유 1큰술, 식초 1큰술, 소금, 후춧가루를 약간 넣고 핸드 블렌더로 섞는다. 마요네즈는 기름의 양에 따라 농도를 조절하는데 시중에 판매하는 정도의 농도가 되려면 엄청난 양의 기름을 넣어야 한다. 칼로리를 생각한다면 기름의 양은 최소한으로 줄이자.

* 냉장고에서 바로 꺼낸 달걀은 실온에 두었다가 사용한다. 바로 사용할 경우 달걀과 기름의 온도 차이로 분리될 수 있다.

4. 양배추의 물기를 제거해 접시에 담고 파프리카를 올린 후 만들어 놓은 마요네즈를 한 큰술 떠서 넣는다.

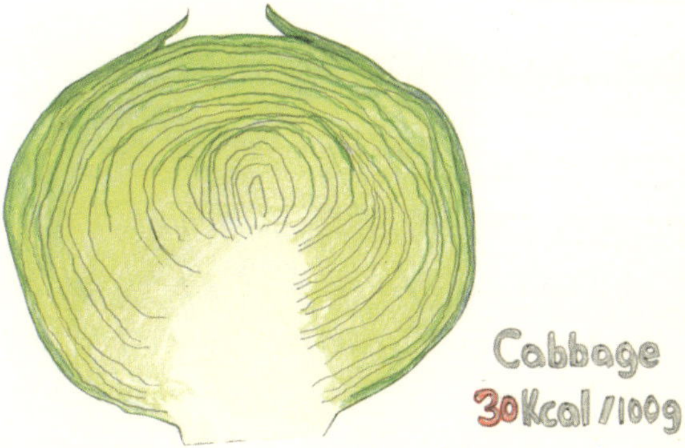

기름지고 달콤한 음식이 그 리 울 때

누구나 매일 반복되는 삶의 궤도에서 한 번쯤 벗어나고 싶어 한다. 늘 같은 시간, 늘 달리는 출근길에서 어느 날 '획' 하고 운전대를 돌리고 싶은 마음이다. 드라마틱하지 않은 일상이 차곡차곡 쌓이는 어느 날, 영화나 드라마 속의 로맨스는 내 밍밍한 연애를 자극하고, 책 속의 여행은 내 심드렁하고 반복되는 일상을 비웃는 것만 같다. 서른을 넘기면서 시간은 가속도가 붙어 한 해 한 해 꼴딱꼴딱 넘어가기는 어찌나 또 잘 넘어가는지…….

뜻을 세운다는 '이립(而立)'의 서른을 지나온 지 한참이고 세상에 혹함이 없다는 불혹(不惑)이 떡 하니 나를 기다리고 있건만 내 삶에는 번듯한 성과물도, 그렇다고 드라마틱한 스토리도 없다.

그런 날은 갑자기 지도 하나를 꺼내들고 어디로 떠날지부터 생각한다. 물론 아주 잠시 동안이다. 먹고사는 일이 발목을 잡고 있는 이 시점에 터키의 카파도니아를 걷고 있는 나를 상상하거나 세르파와 함께 안나푸르나에 오르거나, 그도 아니면 바르셀로나의 건축물 사이를 걸어가는 장기 여행자가 되는 꿈을 꾸는 건 말 그대로 그냥 꿈일 뿐이다. 카드 값으로 숭숭 빠져 나가는 통장의 일천한 잔고를 보며 오늘 내가 할 수 있는 작은 일탈은 조조 영화를 보러 가는 일이다.

조조 영화 한 편을 보며 잠시 반복되는 일상에서 한발 비켜나 보는 것, 그게 일상의 작은 일탈이라면 일탈이다. 일탈은 일상을 지탱하게 하는 힘이다. 그마저 없으면 일상은 언제 붕괴될지 모르는 위험 수위에 도달할지 모른다.

일탈이 없다면 반복되는 일상은 바지를 배꼽 위까지 추켜올려 입은 아저씨처럼 답답하게 느껴질 것이고, 일탈이 없다면 일상은 꽉 조여 맨 넥타이처럼 조금씩 목을 조여 오는 것처럼 느껴질지도 모른다. 작은 일탈은 산소 호흡기처럼 '그래, 아자, 오늘도 살아 보자.' 하게 하는 힘을 준다. 반듯한 일상의 틈새를 찾아 오늘도 폐부 깊숙이 숨 쉬기를 시도해 본다.

그런 맥락에서, 건강하고 착실하게 처음 세운 계획과 목표대로 달려가기만 하다가는 한순간에 무너진다. 건강한 저칼로리 식단대로 살다 보면 어느 순간, 매일 먹는 이 순결하고 선량한 음식들이 견디기 힘들어지는 순간이 온다. 그 순간이 걷잡을 수 없이 나를 위험한 일탈로 내몰기 전에, 가끔 조이고 있던 목을 좀 놓아주어야 한다. 도망갈 구석 하나 없이 몰고 가면 쥐도 고양이를 문다.

16
recipe

바삭한 감자 튀김이 그리울 때

허브 크리스피 감자 오븐구이

110kcal, 요리 시간 30분

재료(1인분)

감자 1개
퓨어 올리브유 1큰술
로즈마리 or 타임 약간

감자 100g/ 55kcal

감자를 탄수화물이 가득 든 식품으로만 알고 있는 경우가 많지만 감자는 필수 아미노산과 비타민 등이 함유되어 있어 완전 식품에 가까운 음식이다. 특히 비타민 C가 사과의 3배 이상 들어 있어 하루에 감자 2개를 먹으면 성인의 1일 비타민 C 섭취량으로 충분하다. 탄수화물 덩어리 정도로 알고 있던 감자에 대한 오해를 풀자. 포테이토처럼 기름에 튀겨 먹는 조리 방법이 우리를 살찌게 했던 것이다.

1. 감자에 칼집을 좁은 간격으로 넣는다.
2. 오븐 팬에 감자를 담고 퓨어 올리브유와 로즈마리 혹은 타임을 뿌린다.
3. 200℃로 예열된 오븐에 20분간 굽는다.

※ 오븐이 없다면 감자를 얇게 썰어서 퓨어 올리브유를 뿌린 프라이팬에 노릇노릇하게 굽는다.

나쁜 남자에게 끌리는 이유
나쁜 음식에 유혹당하는
이
유

눈물을 펑펑 쏟으면서도, 가슴이 저릿저릿 저리면서도, 어금니를 질끈 물면서도 나쁜 남자에게 끌리는 것이 심장의 모순이다.

오늘 나의 뇌 속에는 퐁당 오 쇼콜라처럼 뜨겁고 진한 초콜릿이 하루 종일 흘러내리고 있다. 나쁜 줄 빤히 알면서도, 그 안에 들어가 있는 포화 지방의 어마어마한 양과 설탕과 버터의 양이 얼마나 들어가 있는 줄 알면서도, 저 접시를 비우고 나면 몇 날 며칠을 죄책감과 싸우고, 몇 날 며칠 흘린 땀이 고스란히 다시 피하지방층에 쌓일 걸 알면서도 나는 때때로 나쁜 음식에 유혹당한다. 그게 나의 모순이자, 고혹적인 고칼로리 음식에 유혹당하는 모든 다이어터의 모순이다.

설령 그 순간에 겨우 유혹을 견디었다 해도 관능적인 음식의 잔상은 뇌를 떠나지 않고 하루 종일 들러붙어 있다. 매몰차게 유혹의 순간을 외면하고 자신의 강인해진 의지력에 감탄하는 것도 잠시, 또 다시 뜨겁고 진한 초콜릿이 하루 종일 뇌 속에 흘러내리는 것이다. 그러다가 결국은 다음날이라도 당장 달려가 퐁당 오 쇼콜라 한 그릇을 싹 비우고 나야 온종일 집요하게 괴롭혔던 유혹의 손길이 사라진다.

약한 의지력의 소유자라면 저 초콜릿 덩어리의 위력에 대항해 거세게 반항해 보겠노라 결연히 소리치는 것보다는 적당한 타협점을 찾는 편이 낫다.

좌절감과 죄책감에 시달리는 대신 유혹에 약한 스스로를 인정하고 채찍 대신 당근을 주는 편이 현명할지도 모른다. 언제든 나를 유혹하는 무섭도록 단 고칼로리 음식들 대신 적당히 내 허기와 심리적 공황을 다독여 줄 군것질 거리를 찾아내는 것이다. 가끔 우리는 적당히 불량한 것들을 필요로 하는 모순된 사람임을 인정하면서.

불량한 것들의 특징은 기름지고 달달하고 바삭하고 짭짤하다. 그러나 저칼로리 식사를 하겠노라 다짐해 놓고 노골적으로 이 모든 불량한 성질의 음식을 탐할 수는 없다. 기름지고 달달하고 짭짤한 맛은 포기하되 바삭한 맛으로 잠시 그리움을 달래 보기로 한다.

바삭한 비타민 덩어리

크리스피 감자 팬케이크

55kcal, 요리 시간 15분

재료(1인분)

감자 1개
퓨어 올리브유 1큰술

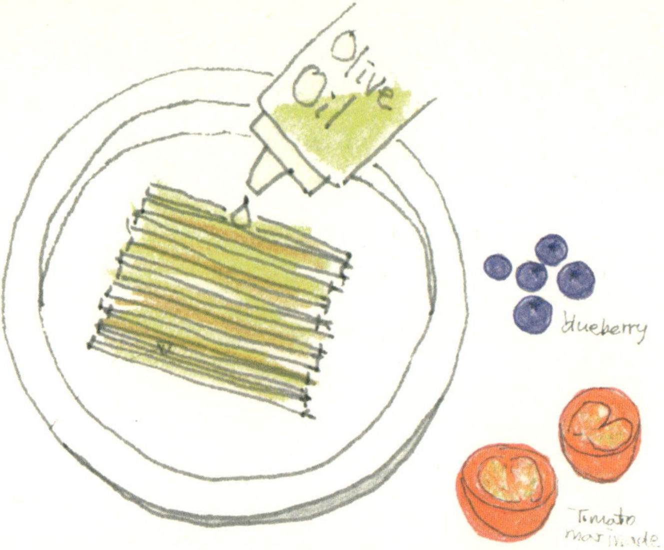

1. 감자를 얇게 채 썬다.

2. 오븐 팬에 채 썬 감자를 동그랗게 모양을 잡아 담는다.

3. 퓨어 올리브유를 뿌리고 200℃로 예열된 오븐에 15분간 굽는다.

4. 마리네이드한 토마토나 블루베리를 올려 먹으면 더욱 맛있게 먹을 수 있다.

※ 오븐이 없다면 프라이팬에 퓨어 올리브유를 살짝 두르고 마찬가지로 동그랗게 모양을 잡은 뒤에 중불에 굽는다.

나는 장거리 러너다
다이어트도 장거리로 달린다

장거리 다이어트를 하기로 결심했다면 내 안에 있는 고칼로리 음식에 대한 욕망들을 다독거려 주면서 나아가야 한다. 한두 달 안에 10kg 이상을 감량하겠다는 목표를 가지고 다이어트에 도전하는 것이 아니라 건강하고 가벼운 식단으로 내 평생 식습관이 조율되기를 바라는 마음으로 장기전에 돌입해야 한다.

나도 다이어트에서는 무라카미 하루키처럼 장거리 러너이다.

나는 올해 겨울 세계의 어딘가에서 또 한 번 마라톤 풀코스 레이스를 하게 될 것이다. 그리고 내년 여름에는 또 어딘가에서 트라이애슬론 레이스에 도전하고 있을 것이다. 그렇게 해서 계절이 순환하고 해가 바뀌어 간다. 나는 또 한 살을 먹고 아마도 또 하나의 소설을 써 가게 될 것이다. 어쨌든 눈앞에 있는 과제를 붙잡고 힘을 다해서 그 일들을 하나하나 이루어 나간다. 한 발 한 발 보폭에 의식을 집중한다. 그러나 그렇게 하는 동시에 되도록 긴 범위로 만사를 생각하고, 되도록 멀리 풍경을 보자고 마음에 새겨 둔다. 누가 뭐라고 해도 나는 장거리 러너인 것이다.

-무라카미 하루키, 《달리기를 말할 때 내가 하고 싶은 이야기》 중

눈앞에 있는 과제를 붙잡고 힘을 다해 그 일을 하나하나씩 이루어가는 것은 중요한 일이다. 여기서 중요한 건 하나하나씩, 한 발 한 발씩의 보폭이다. 시작할 때는 마음만 급해서 윗몸 일으키기를 허리가 끊어질 듯이 하고, 트레이닝 시간을 평소보다 두 배, 세 배쯤 늘리지만 그런 고강도 트레이닝이 길게 갈 수 없다는 것은 해본 사람은 다 안다. 만사를 여유롭게 생각하고, 되도록 멀리 내다보는 것은 단지 다이어트에만 해당하는 일은 아니다.

개개의 기록도, 순위도, 겉모습도, 다른 사람이 어떻게 평가하는가도, 모두가 어디까지나 부차적인 것에 지나지 않는다. 나와 같은 러너에게 중요한 것은 하나하나의 결승점을 내 다리로 확실하게 완주해 가는 것이다. 혼신의 힘을 다했다, 참을 수 있는 한 참았다고 나 나름대로 납득하는 것에 있다. 거기에 있는 실패나 기쁨에서, 구체적인-어떤 사소한 것이라도 좋으니, 되도록 구체적으로- 교훈을 배워 나가는 것에 있다.

그리고 시간과 세월을 들여, 그와 같은 레이스를 하나씩 하나씩 쌓아 가서 최종적으로 자신 나름으로 충분히 납득하는 그 어딘가의 장소에 도달하는 것이다. 혹은 가령 조금이라도 그것들과 비슷한 장소에 근접하는 것이다.

만약 내 묘비명 같은 것이 있다고 하면, 그리고 그 문구를 내가 선택하는 게 가능하다면, 이렇게 써넣고 싶다.

무라카미 하루키

작가(그리고 러너)

1949~20**

적어도 끝까지 걷지는 않았다.

이것이 지금 내가 바라고 있는 것이다.

-무라카미 하루키,《달리기를 말할 때 내가 하고 싶은 이야기》중

자신과의 약속에서는 누군가의 시선을 신경 쓰기보다 스스로와의 약속을 잘 지켜 나가는 것이 무엇보다 중요하다. 다이어트에서 장거리 러너인 나는 목표에 달성하는 순간을 위해 한 발짝 한 발짝씩 성실하게 나아가려고 한다.

긴장과 이완의 아름다운 리듬을 잘 타 주어야 가벼운 식사를 지속할 수 있다는 사실은, 오랜 기간의 잦은 실패와 좌절에서 얻은 결론이다. 누구나 처음에는 사관 학교 사감처럼 자신에게 한 치의 관대함도 허락하지 않는다. 그러나 그 엄격함은 3일을 넘기기 힘들다. 3일을 넘기고, 일주일을 넘기고, 마의 3주일까지 넘기려면 마음 깊이 '이것은 장기전이다.'라는 각오가 단단히 심겨 있어야 한다.

장기전에서 살아남으려면 너무 혹독해서는 곤란하다. 그래서 필요한 것이 타협의 기술 아니겠는가? 예를 들어 다이어트를 하다 보면 진하고 부드러운 그라탕이 몹시 그리운 날이 도래한다. 그때 그라탕 같은 다이어트에 반체제적인 음식을 그리워하는 자신을 호되게 질책하기보다는 버터를 빼고 고소한 우유와 약간의 치즈만으로 홀쭉해진 그라탕을 저칼로리 식사에 지친 자신에게 선물해 주는 것이 영리한 방법이다.

18
recipe

버터를 뺀

고구마 우유 그라탕

190kcal, 요리 시간 15분

재료(1인분)

고구마 1개
우유 100ml
파르메산 치즈 가루 약간

1. 고구마를 얇게 썬다.

2. 오븐 팬에 담고 우유를 붓는다.

3. 파르메산 치즈 가루가 있다면 살짝 뿌리고 200℃로 예열된 오븐에 10분간 굽는다.

4. 겉이 노릇해지면 완성이다.

※ 오븐이 없다면 프라이팬이나 전자레인지로 대신한다.

바나나 한 개를 맛있게 먹는 법

바나나 시나몬 구이

100kcal, 요리 시간 5분

재료(1인분)

바나나 1개
시나몬 가루 약간
흑설탕 약간

바나나 100g/ 93kcal

저열량에 식이 섬유가 많아 다이어트 음식으로 좋다. 그냥 먹어도 맛있지만 익히면 더 달콤해진다. 달콤한 게 먹고 싶을 때 디저트로 안성마춤이다.

바나나 아이스크림 만드는방법

바나나를 한 송이를 사면 혼자서 몇 날 며칠을 먹게 된다. 지겹다. 지겨우면 무너진다. 그럴 땐 남은 바나나를 껍질 째 냉동실에 얼린다. 껍질을 벗겨서 얼리면 색이 어두워져서 보기 싫다.

얼린 바나나를 꺼내 껍질을 벗기면 시원한 바나나 하드가 완성된다. 아이스크림 먹고 싶을 때 하나씩 꺼내 먹어 보자. 냉동 블루베리와 함께 먹으면 더 맛있게 먹을 수 있다.

1. 바나나를 한입 크기로 자른다.
2. 200℃로 예열된 오븐에 5분간 굽는다.

※오븐이 없다면 프라이팬으로 대신한다.

3. 겉이 살짝 구워지면 꺼내서 시나몬 가루를 뿌린다.
4. 겉을 좀 더 캐러멜라이즈화하고 싶으면 흑설탕을 아주 약간만 뿌려서 굽는다. 캐러멜 소스를 뿌린 맛을 느낄 수 있다.

물만 먹어도 살이 찐다?

오늘 내가 섭취한 음식은 아침으로 달걀 1개, 자몽 1개, 우유 1컵, 점심으로 현미밥 2/3공기, 조기 구이 1마리, 순두부 찌개 양념 안 한 것, 저녁으로 삶은 감자 1개, 자몽 샐러드 1접시, 요거트 1컵이다.

그러나 곰곰이 생각해 보니 아침과 점심 사이에 새로 사 온 버터 맛이 좋아서 모닝빵 한쪽에 발라 먹은 것도 같고, 점심 식사 후에 친구가 억지로 권한, 그러나 기억을 자세히 더듬어 보면 내가 친구에게 강력하게 먹고 싶다는 신호를 보냈던 캐러멜 마키아토 한 잔이 있다.

아무리 생각해도 난 별로 많이 먹지 않는데 살이 찐다고 생각이 된다면? 물만 먹어도 살이 찐다고 생각이 된다면? 솔직히 물에 밥을 말아 먹지 않은 이상, 물에 사카린 덩어리를 타지 않은 이상 물만 먹고 살이 울룩불룩 늘어나기는 쉽지 않다. 그러니 물만 먹었다고 스스로 착각하지 않도록 다이어트 일기를 써 보자. 일기 쓰는 게 습관이 되지 않아서 어색하다면 다이어리 한 귀퉁이에 조금씩 적어도 좋다. 하루 동안 내가 얼마나 먹었는지, 무얼 먹었는지 기록해 보면 무의식적으로 먹는 양을 파악할 수 있다.

하루 종일 먹는 사람들의 대부분은 무의식적으로 자신이 먹는 것을 인식하지 못하기 때문에 정확한 기록을 통하여 얼마나 먹는지 알아볼 수 있고, 누수되는 부분을 점검할 수 있다. 기억은 때때로 신뢰하기 어렵지만 기록은 믿을 만한 가치가 있다.

자, 당장 지금부터 시도해 보자.

속 든든한 밥

데친 양배추 현미 쌈밥

210kcal, 요리 시간 10분

재료(1인분)

양배추 ¼개
현미밥 ½공기
멸치 20g

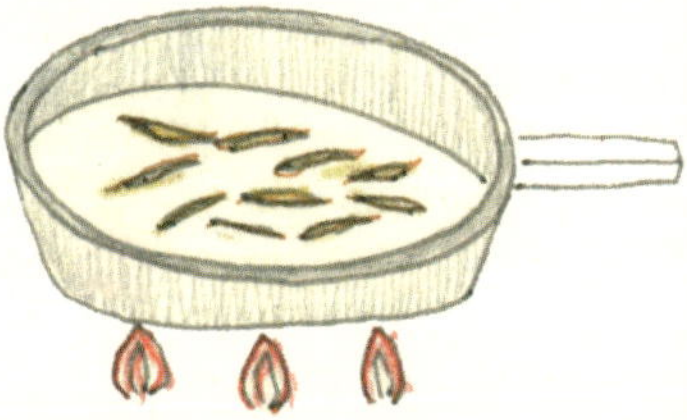

1. 따로 밥을 하기가 귀찮을 때는 인스턴트 밥을 이용한다.

2. 팬에 멸치만 넣고 살짝 볶으면 수분이 날아가서 바삭한 멸치가 된다. 멸치는 자체로도 간간함이 있기 때문에 따로 양념하지 않아도 된다.

3. 양배추를 익힌다.(양배추 익히는 방법 p.42 참고.)

현미 100g/ 348kcal

현미밥은 식이 섬유가 많아 백미보다 오래 씹어야 하기 때문에 천천히 밥을 먹게 해 주고 소화도 천천히 된다. 아침마다 현미쌀과 콩이 든 밥을 반 공기 정도 먹고 출근하면 오후까지 든든하다. 보통 밥을 먹지 않아야 살이 빠진다고 생각하지만 밥을 먹다 먹지 않으면 몸이 에너지를 비축하려고 하기 때문에 살이 더 찐다. 적은 양을 규칙적으로 챙겨 먹는 게 기초 대사량을 높여 주어서 에너지를 많이 소모하는 몸으로 만들 수 있다.

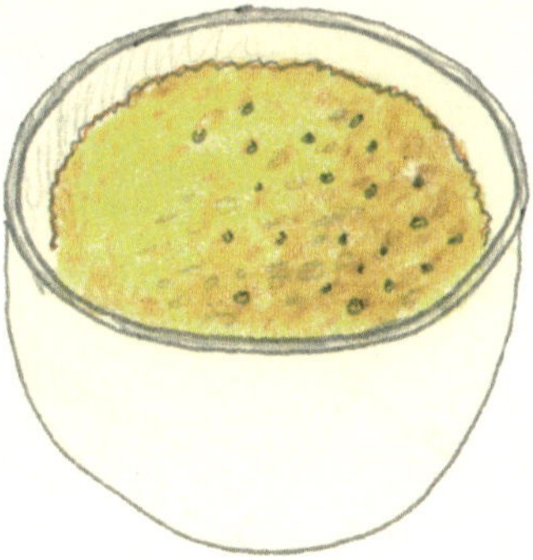

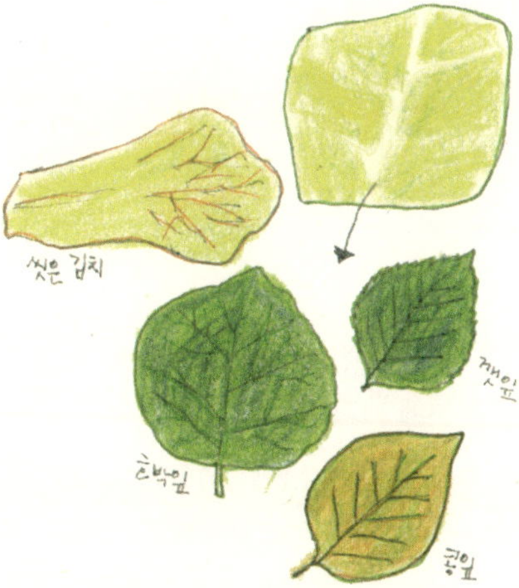

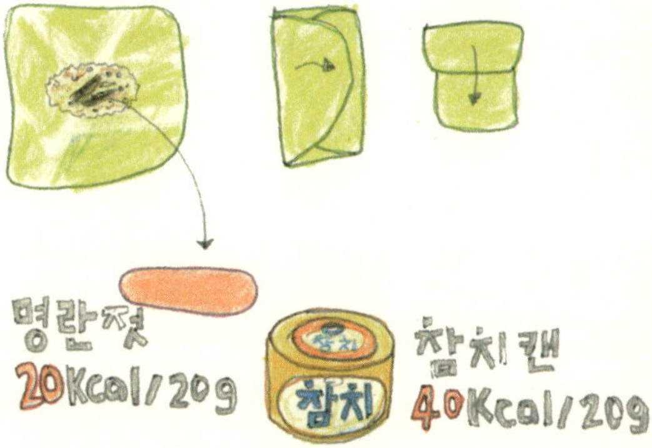

※ 양배추 대신 호박잎 데친 것, 깻잎, 콩잎, 씻은 김장 김치를 이용해도 색다르게 먹을 수 있다.

※ 멸치 대신 명란젓이나 기름 뺀 참치로 응용할 수 있다.
- 명란젓(20g/ 20kcal)
- 참치(참치캔 20g/ 40kcal)

4. 양배추를 바닥에 깔고 그 위에 현미밥을 한 숟가락 올린 후 가운데에 볶아 둔 멸치를 넣고 돌돌 만다.

행복한 탄수화물 파스타

면을 아무리 좋아해도 저칼로리 식사를 고수할 때는 국물이 가득한 면 음식을 양껏 먹을 수 없다. 하지만 내가 이탈리안 밥집에서 매일 만들어야 하는 파스타는 국수 중에서도 다이어트에 좋은 음식이다. 이 얼마나 다행인가?

파스타는 글루텐이 많이 들어 있는 듀럼밀인 세몰리나로 만들어져 탄수화물 구조면에서 다른 탄수화물보다 소화 흡수가 느리다. 그래서 지방으로 쌓이기 전에 칼로리가 연소되어 다른 밀가루 음식보다 다이어트에 도움이 된다. 물론 이건 면 자체에 해당하는 말이다. 파스타에 어떤 소스를 붓느냐에 따라 파스타의 열량은 천국과 지옥을 오간다. 파스타가 열량 높은 음식으로 오해받는 데는 소스가 한몫한다. 우리가 먹는 대부분의 파스타는 소스 양이 어마어마하다. 자장면과 흡사한 원조 음식으로 알려진 중국의 '작장면'도 면 위에 장이 사뿐히 올라가 있을 뿐이다. 그것이 우리나라 사람들의 식성에 맞게 변형되면서 진하고 기름진 소스를 말아 먹어도 될 만큼 듬뿍 끼얹게 되었다. 흥건한 자장 소스를 입가에 묻히는 즐거움 없이는 자장면의 행복을 논할 수 없으니까. 파스타 역시 마찬가지이다.

가끔 밥집에 오는 손님 중에 크림 파스타를 시키면서 '소스 많이요.'를 외치는 경우가 있다. 면발의 맛으로 먹는 파스타가 아니라 소스의 맛으로 먹는 파스타를 원하는 것이다. 숟가락으로 소스를 퍼서 먹는 사람들을 보면 부럽다. 그렇게 먹어도 날씬하다니, 인생 참 불공평하다. 하지만 다이어트 중에 파스타를 먹고 싶다면 크림 파스타나 소스가 듬뿍 올라간 파스타와는 타협할 수 없다. 올리브유와 마늘만으로 즐기는 정도면 어떨까? 이참에 면발의 맛으로 즐기는 파스타의 세계에 풍덩 빠져 보시길.

21
recipe

흰쌀밥 같은 맛

화이트 스파게티

270kcal, 요리 시간 10분

재료(1인분)

스파게티 면 56g
엑스트라 버진 올리브유 1작은술
파르메산 치즈 가루 1큰술

파스타 면은 브랜드마다 삶는 시간이 봉지에 쓰여 있으니 삶기 전에 확인하자. 보통 스파게티면은 6~7분 삶으면 알덴테(aldente, 치아에 씹힘이 있을 정도로 면이 덜 익은 상태. 면의 단면에 하얗게 심이 보이는 정도이다.)로 익는다. 건면 56g을 익히면 110~120g 정도가 된다.

우리가 흰쌀밥을 먹듯이
이탈리아 사람들은 스파게티를 즐긴다.

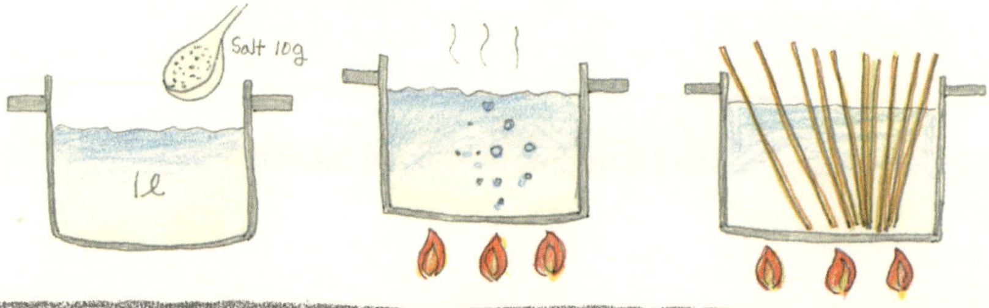

1. 냄비에 물을 넣고 소금을 넣는다.[물 1L 기준/ 소금 10g(1큰술)] 물은 스파게티 면이 푹 잠길 정도가 되어야 한다.(파스타 양의 10배) 파스타를 맛있게 삶는 것의 관건은 소금의 양이다.

2. 센불에 물을 팔팔 끓인다. 미지근한 물에 삶으면 면이 제대로 삶기기 전에 불어서 맛이 없다.

3. 면을 건져서 접시에 담는다. 엑스트라 버진 올리브유 1큰술을 붓고 파르메산 치즈 가루를 뿌리면 화이트 스파게티가 완성된다.

순결하고 촐쭉한 스파게티

알리오 올리오 스파게티

300kcal, 요리 시간 10분

재료(1인분)

스파게티 면 56g
다진 양파 1큰술
마늘 1쪽
이탈리안 파슬리 약간
페페론치노 ½개
엑스트라 버진 올리브유 1큰술
퓨어 올리브유 1큰술
채소 육수 1국자
화이트 와인 1큰술
소금, 후춧가루 약간
파르메산 치즈 가루 약간

1. 팬에 퓨어 올리브유를 넣고 다진 양파와 마늘 얇게 썬 것, 으깬 페페론치노를 넣고 볶다가 화이트 와인을 붓는다.(화이트 와인이 없으면 생략한다.)

2. 채소 육수를 넣고(채소 육수가 없으면 뜨거운 물로 대신한다.) 소금, 후춧가루, 이탈리안 파슬리를 넣고 간을 한 후 삶은 스파게티 면을 넣고 센불에서 1~2분 정도 면에 소스가 배도록 익힌다.

3. 접시에 담고 엑스트라 버진 올리브유를 넣고 파르메산 치즈 가루를 뿌린다.

빼뚤어질 테다

허기와 폭식

스트레스로 인해 솟구치는 식욕은 허기져서 증가하는 식욕과는 성질이 조금 다르다. 맛으로 먹는 게 아니라 와구와구 먹는 전투적인 행위를 반복하며 스트레스와 싸우는 것이다. 그러니 맛있는 것도 느끼지 못하면서 자꾸만 음식을 먹고, 배불리 먹었는데도 불쾌한 감정이 누그러지지 않으면 계속해서 먹는다. 그러고는 '아, 배불러 죽겠다.'라며 짜증까지 보탠다.

스트레스를 받으면 단 음식이나 탄수화물이 많은 음식을 찾는다. 저칼로리 식사를 목표했던 사람이라면 삐뚤어지고 싶은 심사이다. 먹는 걸로 풀어 버리는 성향은 특히 열등감이 많은 사람이나, 인간 관계에서 잦은 갈등이나 두려움을 경험하는 사람, 주로 문제가 일어나면 참거나 숨어 버리는 소극적인 사람에게서 두드러지게 나타난다고 한다. 탈출구를 찾지 못해 단것과 탄수화물에 마음을 묻고 화를 다스리려고 하는 것이다.

왜 탄수화물과 단 음식인가? 탄수화물이나 당분이 많은 음식을 먹으면 뇌 안에 신경을 안정시키는 세로토닌이 증가하여 스트레스로 불안정해진 뇌를 다독여 준다. 그러니까 영리한 몸은 스스로를 치유하기 위해 본능적으로 탄수화물과 단 음식으로 손을 뻗는 것이다.

다이어터들에게 공공의 적처럼 여겨지는 탄수화물은 알고 보면 행복감을 주는 기특한 녀석이다. 탄수화물에게 분개하기 전에, 마음의 화를 조금이나마 치유해 주는 탄수화물에게 고맙다고 해야 하는 건 아닐까?

그래서 나는 무조건 탄수화물을 배척하지 않기로 했다. 저칼로리 식사는 말 그대로 저칼로리 식사이다. 칼로리가 높지 않은 방법으로 나를 행복하게 해 주는 탄수화물을 적절히 섭취해 주는 게 바로 오늘 나를 조금 더 행복하게 해 주는 일일 테니까.

행복한 탄수화물

호밀빵 4가지 맛 브루스케타

110kcal, 요리 시간 10분

재료(1인분)

호밀빵 4쪽, 마리네이드 방울토마토 2개
양송이 2개 (레몬즙 1작은술, 소금, 후춧가루 약간), 올리브 4개
호박 ¼개(퓨어 올리브유 1작은술, 소금, 후춧가루 약간)

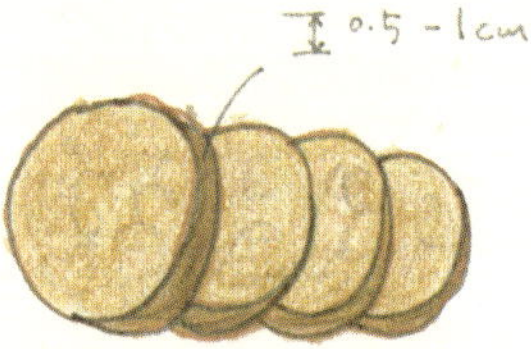

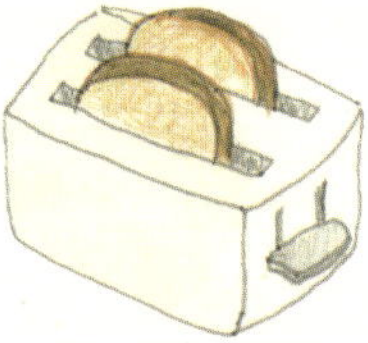

1. 호밀빵의 테두리를 잘라 내고 4 등분한다.

2. 겉을 바삭하게 하기 위해 200℃로 예열된 오븐에 살짝 굽는다.

※ 오븐 대신 토스트기나 프라이팬으로 토스팅해도 된다.

호밀빵 100g/ 265kcal

하얀 밀가루에 들어 있는 탄수화물은 소화되면서 바로 지방으로 변한다. 그러나 정백되지 않은 통밀은 소장에서 흡수되지 않고 대장에서 흡수되어 살이 찌지 않는다. 그래서 다이어트를 할 때 호밀빵을 먹으면 도움이 된다.

3. 마리네이드한 토마토를 빵 위에 올린다.(방울토마토 마리네이드하는 방법 p.49 참고.)

4. 양송이를 얇게 썰어서 레몬즙 1작은술, 소금, 후춧가루에 마리네이드를 한 뒤 빵 위에 올린다.

5. 올리브를 얇게 썰어서 빵 위에 올린다.

6. 호박을 채 썬 뒤 퓨어 올리브유를 두른 팬에 넣고 소금, 후춧가루로 간해서 볶은 뒤 빵 위에 올린다.

사소한 일에
발
끈
하지 않기

사소한 일에도 파르르 떠는 사람은 너무 예민해서 살 같은 건 찔 틈도 없을 듯하지만, 매사에 언제나 폭식으로 이어질 '건수'를 만들어 내는 비상한 능력이 있다는 점에서 위험하다.

택시 기사의 난폭한 운전에 화가 나고, 엘리베이터 문이 꼭 내 앞에서 닫히는 게 열 받고, 어제 인터넷에서 구매한 가방이 오늘부터 할인에 들어가서 화가 나고, 내가 시킨 설렁탕에만 고기가 적게 들어간 것에 분개한다. 그래서 본격적인 다이어트 기간에 들어섰더라도, 자꾸 오늘만은 열외인 날들이 하나둘 늘다가 '에라 모르겠다.' 하며 다시 원래의 식사 습관으로 복귀한다.

전문가들은 이것을 스트레스의 탈억제 효과(Disinhibition Effect)라고 부른다. 스트레스에 의해 통제력이 약화되어 평소에 겨우겨우 잘 누르던 행동들이 스프링 튀어 오르듯 반동적으로 튕겨져 나오는 것을 말한다. 한 번 튕겨져 나온 행동은 오히려 강력한 일탈의 기쁨을 주면서 이전보다 더 강력한 습관을 만들어 버린다.

별로 분개할 일이 아닌데도, 별로 외로울 일도 아닌데도, 별로 서운할 일도 아닌데도 구실을 찾아 폭식으로 달려간다. 즉 다이어트에 성공하기 위해서는 스트레스 관리가 무엇보다 중요하다. 다이어트에 성공한다는 것은 식사 조절은 물론 자신도 모르게 자기를 불붙게 하는 스트레스와 적절히 타협할 줄 아는 능력을 갖게 된다는 소리이니, 인격 함양을 위해서도 도전해 볼 만한 일이다.

그런 점에서 요리는 스트레스를 푸는 방법으로 꽤 괜찮은 방법이다. 그동안 오직 먹는 것으로 스트레스를 풀어 왔다면, 부엌에 들어가 앞치마를 한 번 둘러 보시라. 먹는 것이 단지 입을 만족시킨다면 요리하는 과정은 꽤 복합적인 감각을 만족시킨다. 게다가 신선한 재료를 다듬고 만지고 그릇에 담는 일련의 과정은 꽤 고밀도의 성취감과 예술적인 만족감까지 안겨 준다.

먼저 부엌에서 아주 간단한 홈메이드 요거트부터 시도해 보면 어떨까?

24
recipe

스트레스를 다스리는

홈메이드 요거트

120kcal, 요리 시간 24시간

재료(1인분)

우유 1000ml
요거트 200ml

우유 200g/ 120kcal

우유는 다른 간식에 비해 열량이 적고 포만감을 오래 유지시켜 주는 음식이다. 우유에 들어 있는 칼슘이 지방 분해를 촉진해서 지방 세포를 빠르게 에너지로 바꿔 주기 때문에 몸에 체지방이 쌓이는 것을 막아 준다. 다이어트를 할 때 칼슘제를 먹으라고 하는 이유도 이 때문이다. 다이어트를 할 때 따로 칼슘제를 챙겨 먹기 귀찮다면 우유로 대신하자.

※시판용 플레인 요거트는 요거트의 새콤하고 시큼한 맛을 가릴 정도로 달다. 순수하게 요거트의 맛을 즐기고 싶다면 홈메이드 요거트를 만들어 보자.

1. 우유 1000ml에 시판용 플레인 요거트 하나를 넣고 섞는다.

2. 실온에 24시간 놔 두면 몽글몽글한 떠먹는 요거트가 완성된다.

3. 시큼한 유산균 발효 맛이 싫다면 블루베리나 바나나, 딸기 등 과일과 함께 먹는다.

다 행복해지자고 하는 일이다

다 행복해지자고

먹

는

일

이

다

'다 먹고 살자고 하는 일인데, 밥 먹고 합시다.'

밥 먹기 전에 하는 말들이다.

그렇다, 다 먹고 살자고 하는 일이다. 모두 다 행복해지자고 아등바등하는 것 아니겠는가? 그러니 어떤 일도 스스로를 괴롭혀 가며 해서는 안 된다.

그토록 짜증나던 오전의 각종 스트레스는 점심밥을 한 공기를 꿀꺽 먹고 나면 게 눈 감추듯 사라져 버린다. 그 신기한 마법은 오전에 잔뜩 오만상을 구기며 일하던 동료들이 식당을 나오며 커피 한 잔씩을 들고 걸어가는 화사한 얼굴에서 확인할 수 있다. 밥을 먹고 난 후 나오는 행복 호르몬이 작동한 것이다. 이 호르몬은 심지어 사랑에 빠진 듯한 느낌을 주기도 한다. 그러니 얼굴 만면에 꽃이 필 수밖에. 기분이 지하 300m 땅속으로 파고 들어갈 때면 꼭 밥이 아니어도 좋다. 포슬포슬 삶은 감자 한 개를 먹거나 통밀빵에 치즈 한 조각을 곁들여 처방해 보자. 다 행복해지자고 하는 일이니까.

스테이크가 먹고 싶은 날

양파 표고버섯 스테이크

60kcal, 요리 시간 20분

재료(1인분)

양파 ½개
표고버섯 1개
샐러드용 미니 채소 100g
소금, 후춧가루 약간씩
퓨어 올리브유 1큰술
로즈마리 or 타임 약간

표고버섯 100g/ 38kcal

지방이 낮고 칼로리가 거의 없어 다이어트할 때 좋은 식품이다. 표고버섯은 섬유소가 많아 식감이 고기 같기 때문에 질겅질겅 고기를 씹고 싶은 날에 먹으면 좋다.

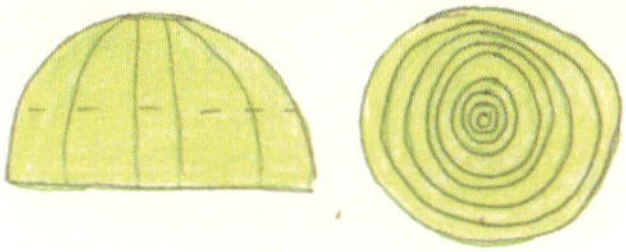

1. 양파는 단면으로 $\frac{1}{2}$등분한다.
2. 표고버섯은 기둥을 자르고 물로 씻은 뒤 키친 타월로 물기를 제거한다.
3. 오븐 팬에 표고버섯과 양파를 담고 퓨어 올리브유를 뿌린 후 소금, 후춧가루, 로즈마리 혹은 타임을 뿌려 200℃로 예열된 오븐에 20분간 굽는다.
4. 접시에 양파를 담고 그 위에 표고버섯을 올린 후 샐러드용 채소를 담는다.

※오븐 대신 퓨어 올리브유를 살짝 바른 프라이팬에 구워도 좋다.

입이 심심해 죽겠다
군
것
질
하고 싶을 때

입이 심심해 죽을 것만 같은 때가 있다. 군것질을 차단할 수 없는 현실적인 나약함을 인정하고 군것질거리를 준비해 보자.

아몬드, 호두, 피스타치오 등 견과류

입이 심심할 때 비스킷이나 스낵류를 아무 생각 없이 먹다 보면 어느새 한 봉지를 다 털어 먹는다. 뒤늦게 봉지 뒷면에 적힌 칼로리를 확인해 보고는 생각보다 높은 칼로리에 머리통을 쥐어박게 된다.

무언가를 와작와작 씹고 싶다면 견과류를 통에 넣어 두고 조금씩 집어 먹자. 견과류는 기름기가 많아 살이 찐다는 편견이 있지만, 실제로는 불포화 지방산이 많아 콜레스테롤 수치를 낮춰 주고, 비타민과 무기질도 풍부하다. 게다가 포만감까지 높아 매일 일정량의 견과류를 먹는 사람은 오히려 살이 찌지 않는다. 콜레스테롤이 혈관에 쌓이는 것을 막아 주기까지 하는 좋은 지방 중의 하나이다.

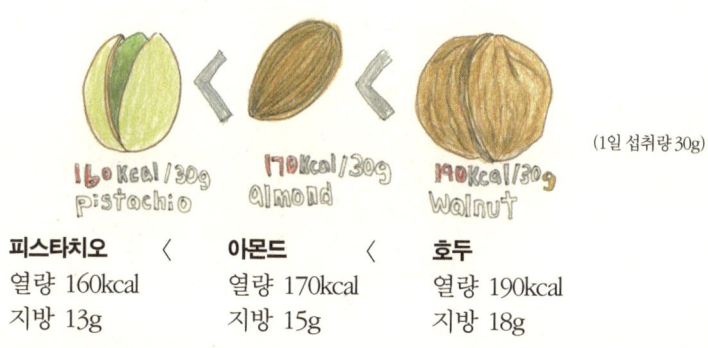

(1일 섭취량 30g)

피스타치오	〈	**아몬드**	〈	**호두**
열량 160kcal		열량 170kcal		열량 190kcal
지방 13g		지방 15g		지방 18g

또한 식사 전에 견과류를 먹으면 포만감으로 식욕을 억제하여 체중 감량에 도움이 된다. 물론 뭐든 많이 먹으면 살찐다. 하루 한 줌 정도만 먹자고 보채는 입에게 타일러 주자.

고구마를 스타일리시하게 먹는 법

고구마 시나몬 구이

140kcal, 요리 시간 10~20분

재료(1인분)

고구마 1개
시나몬 가루 약간
퓨어 올리브유 약간

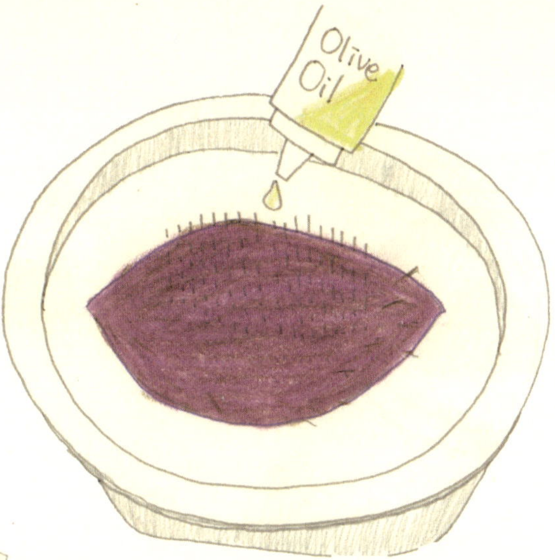

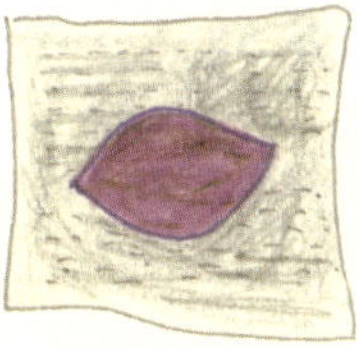

전자레인지로 구운 고구마 맛내기

신문지를 물에 적신 뒤 젖은 신문지로 고구마를 싼다.
전자레인지 강에서 20~30분간 고구마를 익힌다.
다 익은 고구마 가운데에 칼집을 내고 시나몬 가루와 약간의 꿀을 뿌린다.
만약에 오븐도 전자레인지도 없다면 삶자.
삶은 고구마에 시나몬 가루를 뿌리면 끝이다.

1. 고구마에 칼집을 내 주고 퓨어 올리브유를 뿌린 후 200℃로 예열된 오븐에 10~20분간 굽는다.(고구마 굵기에 따라 조절한다.)
2. 젓가락으로 찔러서 속까지 익었나 확인한다.
3. 시나몬 가루를 뿌린다.
4. 조금 더 맛있게 먹고 싶다면 꿀을 $\frac{1}{2}$작은술 정도 뿌린다.

청순한 음식에 지 칠 때

어떤 조직에나 이런 사람은 꼭 있다. 살살 깐죽대거나 심하게 말 안 듣는 후배, 밤새 다크서클이 온 얼굴을 덮도록 쥐어짜 낸 기획안 서류를 보는 둥 마는 둥 뒤적이며 틱 하고 던져 버리는 팀장, 그 상황에서 느글느글한 카르보나라 곱빼기 같은 눈빛으로 웃기지도 않은 농담을 계속 지저귀는 동료까지. 그렇게 살살 내 신경을 긁던 누군가가 제대로 한 방 터뜨려 주는 날이 있다. 팽팽하게 당겨진 현악기의 줄처럼 아슬아슬 끊어지기 직전의 스트레스가 덮쳐 온 날은 저칼로리 식사로는 견뎌 낼 수 없다. 스트레스를 이겨 내기에는 저칼로리 식사는 너무나도 청순하다.

이런 날 마땅한 음식은 고강도의 스트레스를 이길 만한 고칼로리로 무장한 음식이다. '고칼로리 버거, 내장 비만 버거' 같은 고혹적인 자태, 관능적인 볼륨감, 윤기 나는 때깔……. 그렇다. 왜 항상 맛있는 것들은 그토록 매혹적이며, 그토록 고칼로리여야 하는가? 신기하게도 뒷골 붙잡도록 스트레스 지수가 치솟는 날이면 고칼로리의 유혹을 떨쳐 내기 어렵다.

나 역시 오늘처럼 신경줄이 끊어질 듯 팽팽해진 날은 어쩔 수 없다. 어쩔 수 없이 저 관능적인 음식 앞에 무릎을 꿇어야만 한다. 저칼로리 식단은 바싹 마른 아가씨처럼 관능적인 매력이 현저히 떨어지게 느껴질 때가 있다. 고칼로리 음식이 가진 풍만함과 뇌쇄적인 아름다움이 느껴지지 않아 도저히 유혹당하지 못할 때가 많다. 그래서 가끔 관능적인 음식이 그리운 날에는 적당히 유혹에 넘어가 주기로 한다. 물론 적당한 선을 지켜야만 한다.

가끔은 치즈 케이크도 먹고 싶고 생크림이 가득 올라간 케이크도 먹고 싶다. 여자들은 달콤함에 대한 유혹을 평생 달고 산다. 유혹에 넘어가는 것도 기술이다. 단것에 엎어지거나 자빠지지 말고, 적당히 달콤한 디저트의 세계를 탐닉해 보자.

리코타 치즈에 라즈베리 잼이나 벌꿀을 뿌리면 간단하게 디저트가 완성된다. 한 숟가락 떠먹으면 치즈 케이크에 대한 유혹을 물리칠 수 있다. 그러니 달콤함에 무릎 꿇고 싶은 날에는 지혜롭게 먹도록 하자. 무언가 몹시 먹고 싶을 때는 분명 이유가 있다. 그럴 때는 당장 먹지 않더라도 언젠가는 먹게 되어 있다.

참다가 먹으면 더 많이 먹는다는 자명한 진리를 잊지 말아야 한다. 그러니 조금 허리띠를 풀어 주고 디저트를 맛보아도 좋다.

리코타 치즈로 만드는 달달한 디저트 1

이미테이션 라즈베리크림 치즈 케이크

63kcal, 요리 시간 1분

재료(1인분)

아이비 크래커 1조각
라즈베리 잼 1작은술
리코타 치즈 1큰술

1. 아이비 크래커 위에 리코타 치즈 한 숟가락과 라즈베리 잼을 올린다.

리코타 치즈로 만드는 달달한 디저트 2

이미테이션 티라미수

30kcal, 요리 시간 1분

재료(1인분)

리코타 치즈 1큰술
칼루아 ½작은술 or 에스프레소 ½샷
코코아 파우더 약간, 설탕 1작은술

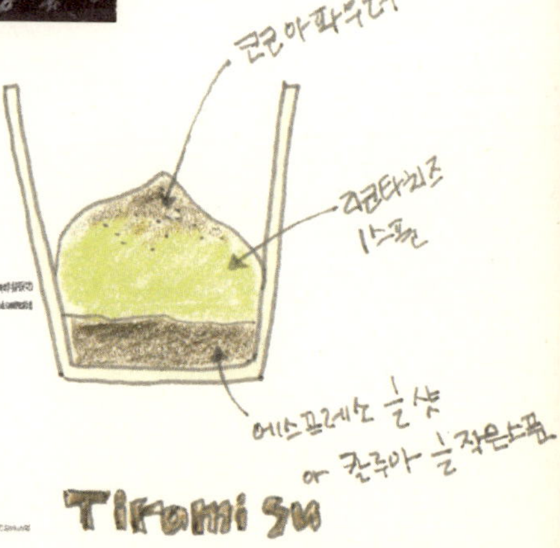

1. 작은 에스프레소 잔에 설탕 1작은술을 넣고 칼루아(에스프레소) 한 숟가락과 리코타 치즈 한 숟가락을 넣는다.

※ 칼루아나 에스프레소가 없다면 인스턴트 커피를 이용한다.

2. 그 위에 코코아 파우더를 살짝 뿌린다.

초콜릿 한 개

나는 초콜릿을 무척 좋아한다. 특히 스트레스를 받거나 마법에 걸리는 날이 다가오면 초콜릿을 갈구하는 욕망은 극에 치닫는다. 그럴 땐 참지 않고 그냥 먹는다. 대신 다른 것이 많이 섞이지 않고, 카카오 함량이 높은 다크 초콜릿으로 소심하게 두세 조각을 먹는다. 두세 조각만으로도 금단 현상에 가깝던 불안정한 마음은 안정을 되찾아 간다.

"이봐, 날 이렇게 내팽개칠 거야? 나 지금 손 떨려 죽겠다고. 나 오늘 극도로 예민하다고."

"알았어, 딱 두 조각 정도로 협상하지."

이건 지금 내 몸이 간절히 원하는 것이므로, 나는 내 몸에 세심하게 귀를 기울여야 할 의무와 책임이 있으므로……. 그러니 딱 두세 조각만 먹기로 한다. 물론 혀 위에서 사르르 녹는 초콜릿을 한 조각, 두 조각 먹으면 어느새 세 조각, 네 조각이 되는 걸 막기란 꽤 어려운 일이다. 그러나 또 다른 어떤 날, 초콜릿이 갈급한 날을 위해 타협할 줄 알아야 한다. 좋은 네고시에이터(Negotiator)만이 다이어트에 성공하니까.

리코타 치즈로 만드는 달달한 디저트 3

이미테이션 캐러멜 초코 크림치즈 케이크

50kcal, 요리 시간 1분

재료(1인분)

오레오 1조각(초코 과자만 필요)
리코타 치즈 1큰술
캐러멜 소스 약간

Caramel Choco Cheese cake

1. 크림을 제거한 오레오 위에 리코타 치즈를 올리고 캐러멜 시럽을 뿌린다.

※ 캐러멜 시럽이 없으면 생략하거나 시판용 캐러멜을 전자레인지에 살짝 녹여서 사용한다.

다이어트를 하려고 마음먹으면 주변에서 권하는 음식들이 있다.
바로 닭 가슴살, 달걀흰자, 올리브유, 물 등이 그것이다.
하지만 이 음식도 몇 날 며칠을 먹으면 질린다.

**장거리 다이어트를 결심했다면
같은 음식을 먹더라도 최대한 매력적으로
먹을 수 있게 궁리해 보자.**

그러면 뇌는 늘 새로운 미각의 세계를 맛보느라
반복되는 음식들의 지루함에 지치지 않을 것이다.

저칼로리 음식을 유혹하는 기술

단백질, 착한 지방, 물과 친해지기

오! 오! 오!
오, 닭 가슴살

다이어트의 의지를 품고 피트니스센터에 가면 식단으로 턱 하니 내미는 것이 있다. 바로 '닭 가슴살'이다. 다이어터들의 식단을 보면 닭 가슴살, 닭 가슴살, 닭 가슴살이다. 다이어트 음식의 대표 주자는 뭐니 뭐니 해도 닭 가슴살이니까. 입에서 방귀 냄새가 날 만큼 달걀흰자를 먹어 대고, 콧김에서 닭 냄새가 폴폴 날 만큼 질리도록 닭 가슴살을 먹어 댄다.

닭 가슴살이 그토록 강조되는 까닭은 닭 가슴살의 최대 매력인 저지방 고단백질에 있다. 다이어트를 할 때 단백질이 필요한 이유는 단백질이 바로 근육을 만드는 재료이기 때문이다. 단순히 낮은 칼로리만 섭취해 몸무게를 줄이면 다이어트가 끝난 후 호환, 마마보다 무섭다는 요요 현상이 찾아온다. 하지만 근력 운동을 통해 근육을 증가시켜 기초 대사량을 높여 두면 다이어트가 끝난 후에도 요요 현상을 겪을 가능성이 낮아진다. 그런 점에서 닭 가슴살은 근육을 만드는 최고의 음식이다. 몸에 근육이 있어야 기초 대사량이 증가하고 에너지를 원활하게 활용할 수 있어야 몸에 체지방이 쌓이지 않게 된다. 하지만 나는 소금 간을 하지 않고 삶아서 먹는 퍽퍽한 닭 가슴살을 매일매일 먹을 수 있을 만큼 비위가 좋거나 의지가 있지 못하다. 닭 가슴살 다이어트를 할 경우, 뇌는 지루하고 밍밍한 음식들에게 화가 난다. 어느 날 그 화는 급작스럽게 표출되어 닭 가슴살을 내동댕이치며 기름진 음식을 향해 달려가는 폭식으로 이어질 가능성이 아주 크다. 그

러니 닭 가슴살만 먹는 비인간적인 방법은 열외로 두자. 닭 가슴살에 보태 다이어트 중에 많이 먹는 오이와 당근, 양배추뿐인 샐러드도 사양한다. 안 그래도 실컷 먹지 못하는데, 그나마 먹는 것조차 이렇게 허름하게 먹어야만 하는 걸까?

식사는 기분이 크게 좌우한다. 풀 코스 정찬이 차려져 있어도 껄끄러운 사람과 마주하고 있다면 입속에서 밥알이 곤두서기 십상이다. 그러니 식사는 기분 좋게, 즐겁게 하는 방법을 궁리하는 편이 좋다. 오이, 당근 하나를 담더라도 예쁘게 담아서 기분 좋게 먹을 수 있으면 오랫동안 먹어도 지치지 않을 것이다. 닭 가슴살을 먹더라도 매일 먹는 닭 가슴살을 최대한 매력적으로 먹을 수 있게 저칼로리 드레싱을 보태면 닭 가슴살의 지루함을 덜 수 있다. 예를 들면 닭 가슴살은 고수하되, 먹을 때마다 블루베리 드레싱, 크랜베리 드레싱, 레몬 드레싱, 기코망 간장 드레싱, 바질 페스토 드레싱, 발사믹 드레싱, 요거트 드레싱, 홀그레인 머스터드 드레싱, 마늘 허니 드레싱, 호두 드레싱 등 다양한 드레싱을 새롭게 얹어 준다. 그러면 뇌는 늘 새로운 미각의 세계를 맛보느라 닭 가슴살의 지루함에 지치지 않을 것이다. 이런 드레싱들은 샐러드에도 응용할 수 있어서 여러모로 최소한의 조리 방법을 고수해야 하는 저칼로리 식단에서 아주 유용하다.

닭 가슴살을 매력적으로 만드는

닭가슴살 블루베리 샐러드

40kcal, 요리 시간 10분

재료(1인분)

닭 가슴살 2쪽
블루베리 5~6개
샐러드용 미니 채소 50g
마늘 1쪽
월계수 잎 1장
퓨어 올리브유 ½큰술
화이트 와인 1큰술
소금, 후춧가루 약간

블루베리 100g/ 50kcal

보랏빛깔이 신비스러운 블루베리는 손꼽히는 슈퍼푸드이다. 칼로리가 낮고 항산화 물질인 안토시아닌이 들어 있어 피부 미용, 노화 방지는 물론이고 복부 지방을 감소시켜 줘 여자들에게 좋은 다이어트 식품 중 하나이다. 홈메이드 요거트에 넣어 먹어도 맛있고, 요거트와 함께 갈아 아침에 한 잔씩 마시면 맛도 좋고 든든하기까지 하다. 무엇보다 매력적인 것은 블루베리는 50kcal를 섭취하면 몸에서 100kcal를 소모시켜 주는 네거티브 칼로리 푸드 중 하나라는 점이다.

※오븐 대신 프라이팬을 이용해도 되지만, 오븐에 굽는 것보다는 기름기가 덜 빠진다. 삶을 때는 마리네이드하지 말고 월계수 잎, 통후추만 넣는다. 닭 가슴살 캔 제품을 이용해도 좋다.

1. 닭 가슴살에 마늘 얇게 썬 것, 화이트 와인, 월계수 잎, 퓨어 올리브유를 넣고 마리네이드해서 닭 비린내를 없앤다.
2. 200℃로 예열된 오븐에 10~15분간 굽는다.
3. 기름기가 빠진 구운 닭은 소금과 후춧가루로 간하고 샐러드용 채소와 블루베리를 곁들여 먹는다.

스스로에게 예뻐지는 주문 걸기

살면서 단 한 번도 예쁘다는 소리를 듣지 못하고 산 여자들도 목욕탕의 노란 조명과 수증기로 뿌옇게 된 거울 앞에서는 한 번씩 '어라? 나 좀 예쁜데?' 하는 최면에 걸려든다.

가끔씩 스스로에게 반하지 않고서야 어떻게 이 험한 세상에서 주눅들지 않고, 씩씩하게 살아갈 수 있겠는가? 그래서 우리 안에 나르시스적인 자기 사랑의 본능이 잠재되어 있는 건지도 모른다. 반대로 어떤 사람들은 객관적으로 꽤 괜찮은 사람인데도 불구하고 스스로에 대한 불평 불만으로 가득 차 있다. 그런 사람은 뭐든 자기 자신이 맘에 들지 않는다. 자기도 모르게 불어 버린 몸집은 자기 혐오에 가까운 부정적인 감정을 일으키고, 스스로 지금의 모습과 지금의 나를 조금도 인정하고 싶지 않아서 하루도 자기 자신과 화해하는 날이 없다.

때때로 나도 그렇다.

거울을 봐도 예쁜 구석 하나 보이지 않을 때, 뭐 하나 제대로 이뤄 놓은 것도 없이 나이만 먹고 있는 것을 볼 때, 스스로에게서 사랑스러운 구석 같은 건 눈 씻고 찾을래야 찾을 수 없을 때 나는 내가 마음에 들지 않는다.

그래서 차라리 스스로를 예쁘다고생각하는 착각이 낫다는 생각이 든다. 자기 스스로도 어여삐 여기지 않는 나를 누가 어여쁘게 여길 것인가?

예쁨받고 칭찬받고 격려받으면서 사람은 더 활짝 꽃핀다. 좀 뚱뚱해도, 좀 의지력이 박약해도, 좀 더뎌도, 자꾸자꾸 자기 안에 예쁜 구석을 찾아 주면서, 자기를 끌어안아 주면서, 한 발짝씩 내딛지 않으면 누가 자기를 끌어안고 가 준단 말인가? 매일 거울을 보며 나를 향해 씨익 웃어 보자. 더 건강해지고 더 탄탄해질 내 몸을 위해 단백질 셰이크 한 잔으로 위로하면서 말이다.

31
recipe

닭 가슴살이 부럽지 않은

단백질 셰이크

50kcal, 요리 시간 5분

재료(1인분)

삶은 고구마 ½개+우유 200ml
바나나 ½개+우유 200ml
블루베리 10개+우유200ml
건크랜베리 1큰술+우유 200ml
호두 5개+우유 200ml
냉동 딸기 5개+우유 200ml

우유만 먹기 심심할 때면 과일이나 견과류 등을 우유와 함께 갈아서 셰이크로 만들어 먹으면 훨씬 더 든든하게 먹을 수 있다. 예를 들면 삶은 고구마나 바나나는 우유와 훌륭한 궁합을 자랑한다. 블루베리나 크랜베리 등의 베리류, 호두와 같은 견과류가 들어가면 풍성한 맛과 영양을 가진 셰이크를 만들어 먹을 수 있다.

1. 갖은 재료를 믹서기에 넣고 갈면 완성된다.

무거운 드레싱과 이별하기

달걀채소샐러드

160kcal, 요리 시간 15분

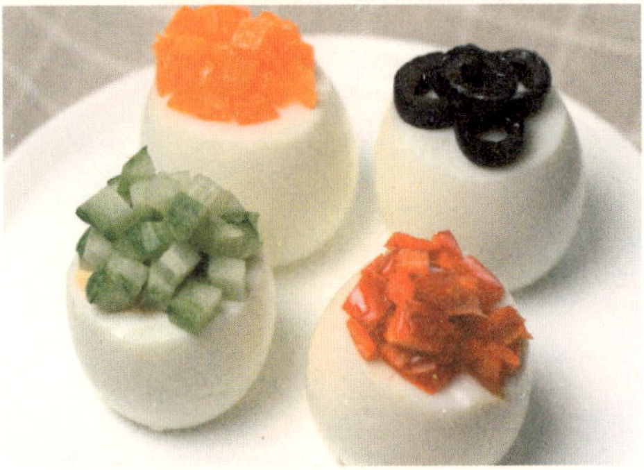

재료(1인분)

달걀흰자 2개
마리네이드 방울토마토 2개
블랙 올리브 4개
오이 ¼개, 파프리카 ½개

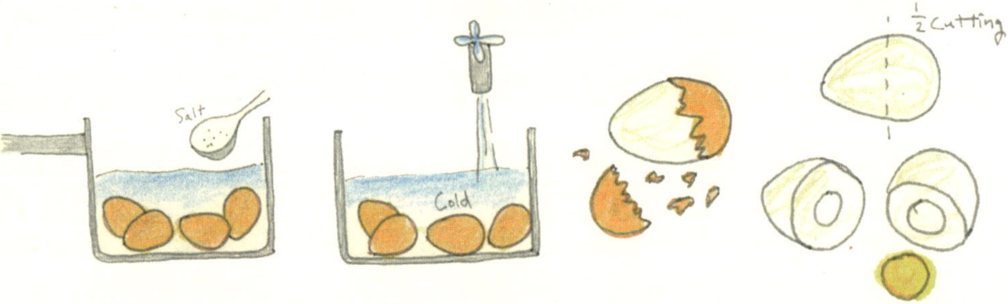

1. 찬물에 달걀을 넣고 소금을 조금 넣은 뒤 7~10분간 삶는다.

2. 삶은 달걀을 건져 차가운 물에 식힌다.

3. 달걀 껍질을 깐 후 반으로 잘라 노른자를 빼낸다.

달걀 100g/ 158kcal

달걀흰자는 저지방 저칼로리의 단백질 식품이다. 멋진 몸을 만들겠다고 운동하는 사람들 중에는 삶은 달걀을 매일 한 판씩 먹으며 운동하는 사람도 있다. 하지만 입에서 방귀 냄새 나게 매일 그렇게 삶은 달걀만 먹을 수는 없다. 좋은 것도 하루 이틀이지 달걀 냄새만 맡아도 토하고 싶어질 지경이 된다. 하지만 저지방 저칼로리 식품인 달걀흰자를 포기할 수는 없다. 삶은 달걀흰자를 다양하게 먹는 법을 연구하면 목표 몸무게에 조금씩 도달해 갈 수 있다.

달걀 위에 올라가기 쉽도록 파프리카와 오이는 0.5cm 정도의 사각형으로 자르고 블랙 올리브는 얇게 썬다.

4. 반을 자른 달걀흰자 가운데에 채소를 올린다.

채소 응용법

제철 과일이나 채소를 올리면 계절별로 상큼한 달걀 채소 샐러드를 맛볼 수 있다.

아름답고 매력적인 여자의

기
준
?

니제르는 남쪽으로는 나이지리아, 북쪽으로는 알제리와 국경을 맞대고 있다. 그곳 아랍인들은 사하라 사막 남부 지방에서 뜨문뜨문 천막을 치고 살거나 벽돌집을 짓고 산다. 나는 그 사막에서 그들과 함께 4년을 지냈는데, 바로 여기에서 뚱뚱해지는 것이 소원인 여자들을 만났다. 니제르의 아랍 인들은 수세기 동안 서구의 잣대로 보면 과체중인 여성을 이상적인 여성상으로 떠받들어 왔다. 이곳의 소녀들은 뚱뚱해지고 싶어서 억지로 먹는다.

–돈 쿨릭 · 앤 메넬리, 《팻, 비만과 집착의 문화인류학》 중

같은 시대를 살아가는 여자들 중에서 뚱뚱해지기를 갈망하는 여자들이 있다는 사실은 신선한 충격이다. 우리가 그토록 만들고 싶어 하는 깊게 패인 쇄골 라인 대신 니제르의 아랍 인들은 쇄골이 살에 모두 묻힌 평평한 몸을 선망한다. 니제르의 아랍 여성들은 물 나르고 요리하는 일은 하인에게 시키고 될 수 있는 한 많은 시간을 앉거나 드러누워서 지낸다. 그러다가 일어나 걸을 때는 자신의 거대한 몸을 뽐내며 할 수 있는 한 천천히 걷는데, 이때 엉덩이를 좌우로 흔들며 여성적인 매력을 마음껏 강조한다고 한다.

아름다움에 대한 기준은 시대에 따라 바뀌어 왔다. 신경 쇠약 직전의 빼빼 마른 모델의 몸매가 아름다움의 기준이 된 것은 얼마 되지 않은 일이다. 이전의 명화들을 보라. 풍만한 허벅지와 배의 지방을 드러내 보이며 그들이 얼마나 자신만만한 표정으로 화면 밖을 응시하는지.

나는 니제르의 여인이나 중세의 여인이 아니므로 이 시대의 미의 기준을 좇아가기 위해 안간힘을 쓴다. 하지만 가끔 허기진 날은 나도 시대만 잘 타고 태어났다면 추앙받는 몸매를 지닌 여자일 수도 있었다는 사실에 안타까운 한숨을 내쉰다. 그러다가 다시 한 번 스스로에게 거는 최면을 건다. '가장 아름다운 사람은 가장 당당한 사람이다! 조금 파묻혀 있긴 하지만 그 쇄골마저 당당하게 여기면 그게 예쁜 것이다.'라고.

33
recipe

이탈리안 스타일의 달걀찜

프리타타

180kcal, 요리 시간 10~20분

재료(1인분)

달걀 2개
방울토마토 2개
양송이버섯 1개
브로콜리 ¼개
퓨어 올리브유 1큰술
파르메산 치즈 가루 약간
소금, 후춧가루 약간

※오븐이 없으면 프라이팬에 조리해도 된다. 아주 작은 팬에 퓨어 올리브유를 두르고 준비된 재료를 넣고 중불에서 천천히 익힌다. 센불에서 하면 속이 익기도 전에 겉이 타 버린다.

1. 토마토, 양송이버섯, 브로콜리를 먹기 적당한 크기로 썬다.

2. 달걀을 풀고 준비한 채소를 넣은 뒤 소금, 후춧가루, 파르메산 치즈 가루로 간을 한다.

3. 팬에 퓨어 올리브유를 바르고 200℃로 예열된 오븐에 넣고 7~10분간 굽는다.

자신만의
다이어트 페이스
찾
기

터질 듯한 사랑의 감정은 남성이 여성보다 더 빨리 느낀다. 그런 까닭에 후끈 달아오르는 냄비처럼 사랑 고백 또한 서둘러 하는 쪽도 남자인 경우가 많다. 이건 사적인 경험에서 나온 말이 아니고, 얼마 전에 읽은 신문 기사에 의하면 그렇다. 싱글의 여자는 이런 기사에 흘깃 눈이 가기 마련이니까.

미국 펜실베이니아 대학교 심리학과의 마리사 해리슨 교수는 로맨스에서 여성이 남성보다 신중하다는 연구 결과를 발표했다. 남녀 관계에 대한 인터뷰를 진행한 결과 남성은 몇 주 안에 사랑에 빠질 수 있지만, 여성에게는 이 과정이 몇 달까지 소요된다고 한다. 또 상대방에게 먼저 사랑한다고 고백한 비율도 남성이 여성보다 3배나 더 많았다. 그간 여성은 사랑에 대해 덜 이성적이라고 인식되어 왔으나 기존의 사회 통념처럼 여자들이 미친 듯이 사랑에 빠져들지는 않는다면서, 여성은 남성보다 현실적인 편이라고 설명한다.

그러게, 여자들은 오히려 사랑에 빠질 때 꽤 머뭇거리고, 꽤 우물쭈물하고, 꽤 주춤거린다. 그것은 이 사람이 믿을 만한지를 탐색하는 기간일 수도 있겠다. 여자가 그렇게 신중을 기하고 있는 새 남자는 이미 사랑의 감정이 터질 듯이 부풀어 구애에 구애를 더한다. 그 사랑의 구애에 여자가 마음을 열고 천천히 오래가는 사랑을 시작하고 싶어 할 즈음, 남자의 사랑은 이미 피식 꺼져 버린다. 대부분 남자들이 먼저 구애를 하지만 또 많은 남자가 먼저 식은 밥처럼 차가워져서 이별을 고하기도 한다는 사실이다. 겨우 신중하게 두려움을 떨치고 사랑에 한발을 들여놓은 여자로서는 뒤틀린 이 타이밍에 뒤통수를 크게 얻어맞은 듯 괴로울 수밖에 없다. 그래서 여자는 더더욱 다음 사랑에 신중을 기하게 된다. 천천히 오래가는 사랑을 할 짝을 기다리면서.

서른이 지나면 짧고 활활 불타는 열애보다 구들장처럼 천천히 오래가는 사랑, 진득한 사랑이 좋다.

급속히 타오르는 '속성' 연애처럼 '속성' 다이어트 프로그램도 미덥지 않다. 진득하니 내 페이스를 찾는 것, 페이스를 지키면서 어떤 달콤한 밀어에도 휘말리지 않는 것, '한 방'에 해결된다는 각종 다이이어트 법에 귀가 팔랑거리지 않는 것, 한 번쯤 괜찮겠지 하는 달콤한 유혹에 단호해지는 것, 오래오래 지속할 수 있는 나만의 식사법으로 다이어트에 승부를 거는 것, 이것이 나의 다이어트 목표이다.

치킨이 간절할 때

레몬마늘닭가슴살구이

130kcal, 요리 시간 20분

재료(1인분)

닭 가슴살 2쪽
레몬 ½개
마늘 1쪽
샐러드용 미니 채소 약간
퓨어 올리브유 1큰술
화이트 와인 약간
소금, 후춧가루 약간

닭 가슴살 100g/ 109kcal

닭 가슴살은 식감이 퍽퍽할 정도로 지방이 적은 단백질 덩어리이다. 식물성 단백질도 좋지만 동물성 단백질이 근육을 만드는 데 훨씬 효과적인 까닭에 화려한 복근을 만들고자 하는 남자들이 집착하는 식재료 중 하나이다. 다리나 날개에 비해 맛있는 것도 아니고, 식감이 부드러운 것도 아니라 선호도 순위에서 가장 밀려나 있는 부위기도 하다. 하지만 지방보다는 단백질이 필요한 다이어터라면 찬밥, 더운밥 가릴 것 없이 꾹 참고 먹을 수밖에 없다. 그래도 이 퍽퍽한 식재료에 짜지 않은 향신료나 드레싱을 조금만 가미하면 조금 더 즐겁게 먹을 수 있다.

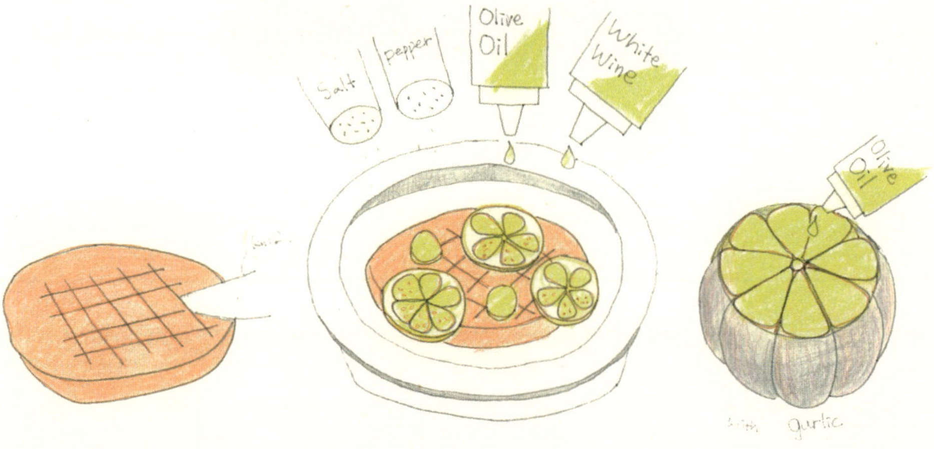

1. 닭 가슴살에 칼집을 살짝 넣는다.
2. 칼집을 낸 닭 가슴살에 화이트 와인, 퓨어 올리브유, 소금, 후춧가루를 뿌려 마리네이드한다.
3. 레몬과 마늘을 얇게 썰어서 닭 가슴살 위에 올려 200℃로 예열된 오븐에 20분간 굽는다.
4. 이때 통마늘에 퓨어 올리브유를 뿌려 구워 먹어도 좋다.
5. 접시에 구운 닭 가슴살을 담고 샐러드용 채소를 곁들인다.

※ 오븐 대신 퓨어 올리브유를 살짝 바른 프라이팬에 노릇노릇하게 구워도 된다.

도시락으로 싸기 좋은

달걀 호밀 샌드위치

300kcal, 요리 시간 5분

재료(1인분)

호밀빵 2장, 달걀 1개
토마토 ½개
샐러드용 미니 채소 약간

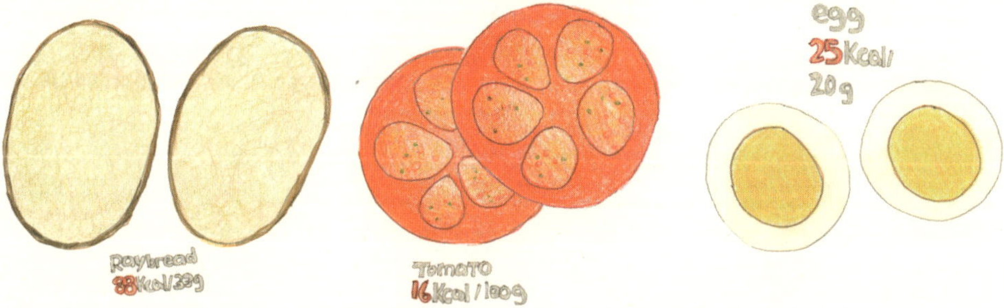

1. 호밀빵을 살짝 토스팅한다.
2. 토마토를 얇게 썬다.
3. 달걀은 삶아서 껍질을 깐 후 4등분으로 자른다.

달걀대신넣으면좋은것들

모차렐라 슬라이스 2장 (100g/ 288kcal)
구운 닭 가슴살 or 닭 가슴살 캔 (100g/ 120kcal)
구운 두부 슬라이스 2장 (100g/ 79kcal)
구운 연어 or 연어 캔 (100g/ 160kcal)

4. 채소를 씻어서 키친 타월로 물기를 제거한다.

5. 채소, 토마토, 달걀을 순서대로 올려 주면 달걀 호밀 샌드위치가 완성된다.

여자들의 로망, 오드리 헵번도 사랑한

올리브유

미각의 제국인 프랑스의 요리사들은 요리에서 제일 중요한 재료로 버터 꼽기를 주저하지 않는다. 그렇다, 인정할 것은 인정하자. 버터의 맛은 사랑스럽다. 다만 식욕을 왕성하게 만드는 사랑스러운 맛은 왜 언제나 그토록 치명적인지……. 지방이 주는 푸근함과 부드러움은 이토록 까끌한 세상에서 떨쳐 내기 여간 어려운 게 아니다. 하지만 지방이라고 모두 덜덜 떨 필요는 없다. 지방 중에도 착한 녀석들이 있다.

우리는 지방 없이 살 수 없다. 그럼에도 우리는 지방을 홀대해 왔다. 지방은 언제나 다이어터들에게 공공의 적이 되어야 했다. 하지만 열매와 씨앗으로 만든 들기름이나 올리브유 같은 식물성 지방은 심혈관 질환을 예방하고 두뇌를 건강하게 하는 영양소이다.

지방은 사람 몸의 20~25%를 차지하는 중요한 성분이다. 몸속에 저장된 지방은 체온 조절을 돕고 신체 장기가 외부 충격을 받았을 때 충격을 완화하는 쿠션 역할을 한다. 더구나 뇌를 보호하기 위해 둘러싸고 있는 세포막을 구성하는 대부분의 성분은 지방이다. 세포막이 튼튼하려면 몸에 좋은 지방을 섭취해야 한다는 얘기이다.

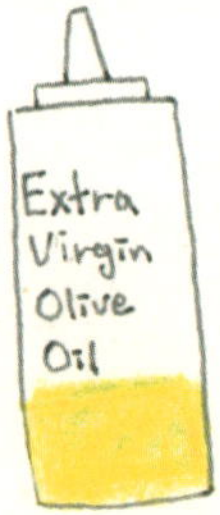

올리브유는 좋은 지방의 대표 주자이다. 올리브유 1큰술은 8.6kcal의 착한 칼로리를 자랑한다.

여자들의 로망인 오드리 헵번도 올리브유를 사랑했다. 올리브유가 좋은 것은 음식의 총 칼로리를 높이지 않으면서 포화 지방산을 불포화 지방산으로 대체하기 때문이다. 엑스트라 버진 올리브유는 통올리브에 열을 가하지 않고 표백이나 탈취 등의 정제 과정도 거치지 않은 기름이라 영양소가 풍부하게 살아 있다. 올리브유의 주요 지방은 올레인산인데, 올리브유가 안전하고 좋은 기름으로 인정받는 이유는 이 올레인산이 심장을 튼튼하게 하고 혈관을 건강하게 하기 때문이다. 물론 올리브유도 어쨌든 지방이 들어 있기 때문에 벌컥벌컥 마시듯 많이 섭취해서 좋을 건 없다.

올리브유 드레싱으로 만든

두부카프레제

110kcal, 요리 시간 10분

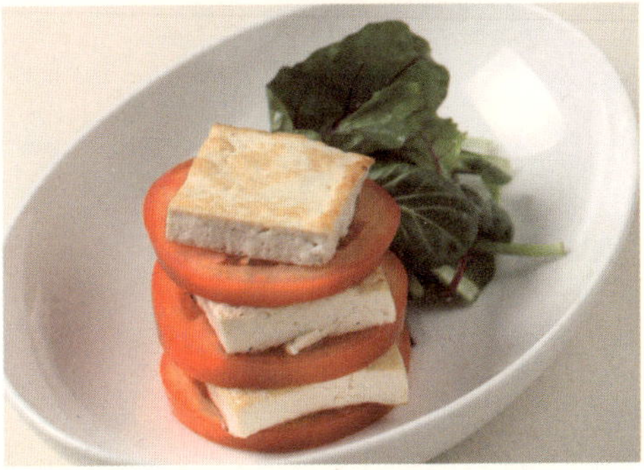

재료(1인분)

두부 ½모, 토마토 1개
샐러드용 미니 채소 100g
엑스트라 버진 올리브 오일 1큰술
발사믹 식초 1큰술, 소금, 후춧가루 약간

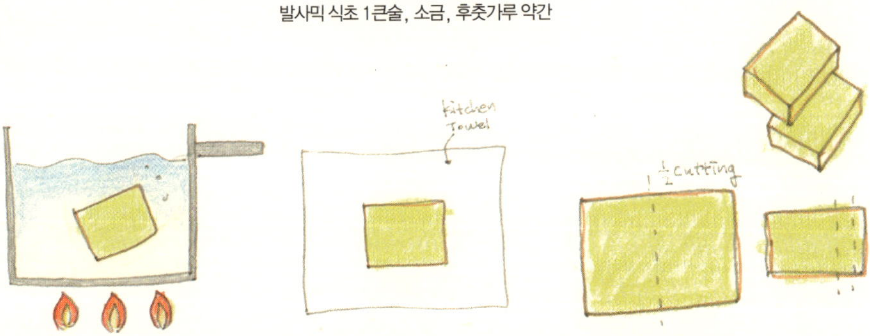

1. 두부를 뜨거운 물에 살짝 데친 후 키친 타월에 올려 물기를 뺀다.
2. 두부를 얇게 썬다. 부드러운 식감을 원한다면 찌개용 두부를 추천한다.
3. 토마토를 두부와 같은 두께로 얇게 썬다.

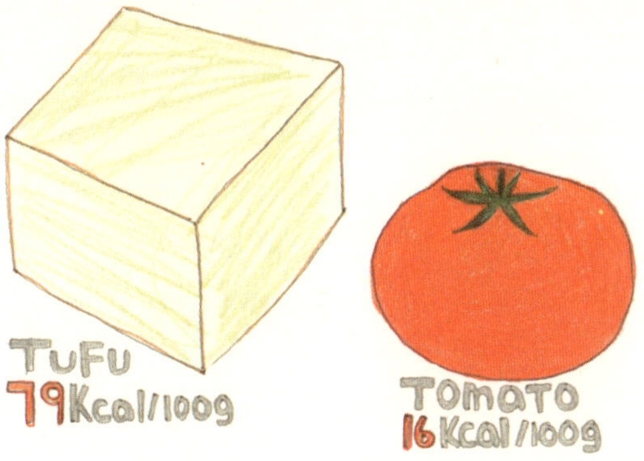

이탈리아 대표 샐러드 중 하나인 카프레제를 응용한 샐러드이다. 카프레제는 맛있기도 하고 간단해서 샐러드로 정말 좋지만, 아쉬운 점이 있다면 모차렐라 치즈의 칼로리를 무시할 수 없다는 점이다. 그러므로 모차렐라 치즈 대신 칼로리는 낮고 고단백인 두부를 이용한다.

4. 접시에 토마토를 깔고 두부를 올리는 과정을 세 번 반복한다.

5. 엑스트라 버진 올리브유와 발사믹 식초를 뿌린다.

6. 샐러드용 미니 채소를 곁들이면 두부 카프레제가 완성된다.

뇌를 속이는 작고 예쁜 식기들

송나라의 저공이 원숭이를 기르다가 어느 날은 식량이 부족해졌다. 원숭이들에게 이르기를 "너희들에게 주는 도토리를 아침에 3개, 저녁에 4개로 제한하겠다." 라고 말하자 원숭이들은 불끈 화를 냈다. 임금 삭제 통보인데 화를 내는 건 당연하다. 아침에 3개를 먹고는 배가 고파 못 견딘다고 농성을 하기 시작했다. 저공이 "그렇다면 아침에 4개를 주고 저녁에 3개를 주겠다."라고 하자 원숭이들이 방긋 웃었다.

조삼모사(朝三暮四)의 고사성어에 나오는 원숭이처럼 우리 뇌는 똑똑한 것 같아도 트릭에 잘 속아 넘어간다. 그러므로 뇌의 특성을 잘 알면 뇌와 타협하여 저칼로리 식사에 성공할 확률이 높아진다. 예를 들어 뇌는 식사를 시작하고 20분 정도 후에 포만감을 느끼니 식사 시간을 천천히 조절하는 것이 좋다.

식기를 작은 것으로 바꾸는 것도 적게 먹고 포만감을 느끼게 하는 신호를 뇌로 보내 줄 수 있는 한 방법이다. 작은 식기를 쓰게 되면 똑같은 한 공기를 먹더라도 뇌에는 한 공기를 먹었다고 인식시켜 줄 수 있기 때문에 적게 먹고도 식욕을 조절할 수 있다. 작고 예쁜 식기를 한두 개 장만해 두고 1인용 식탁을 차리면 기분이 좋아질 뿐 아니라 시각적으로 포만감을 느끼면서 식사를 즐길 수 있다. 이왕이면 스스로를 대접하는 의미에서 테이블보도 깔고, 은은한 촛불도 하나 켜면 좋겠다. '오늘 하루도 수고했어.' 하고 토닥토닥 위로를 건네면서.

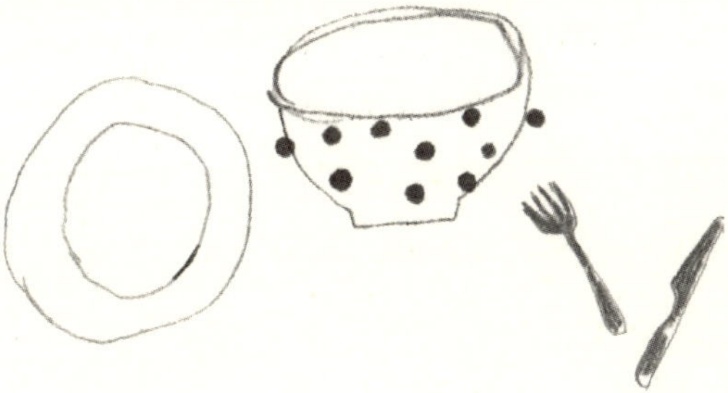

37
recipe

포만감을 두 배로

두부 스크램블

150kcal, 요리 시간 5분

재료(1인분)

연두부 ½모
달걀 1개
우유 2큰술
퓨어 올리브유 약간
소금, 후춧가루 약간

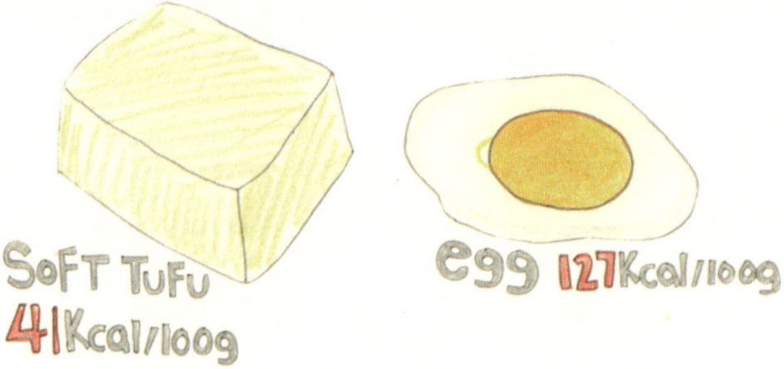

두부 푸딩 만드는 법

시중에서 쉽게 구할 수 있는 떠먹는 생식 두부를 이용해서 간단하게 두부 푸딩을 만들 수 있다. 두부를 접시 위에 올려 두고 간장 1작은술, 물 1큰술을 두부 위에 뿌린다. 얇게 썬 아몬드나 구운 마늘을 올려도 좋다. 파를 가늘게 채 썰어 올려도 심심한 듯한 두부를 맛있게 먹을 수 있다. 애피타이저로 손님 상에 올려도 좋다.

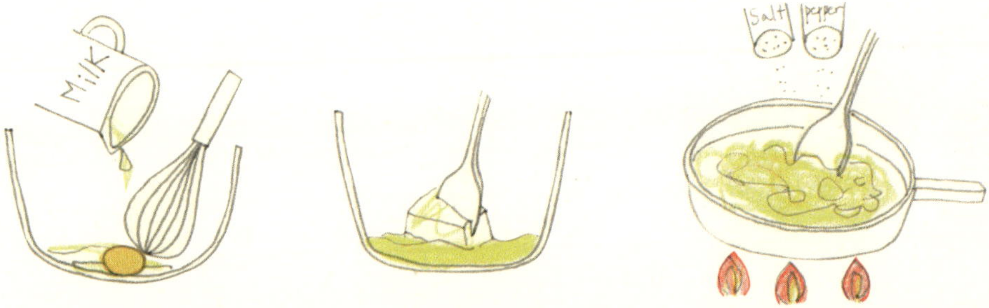

1. 볼에 달걀을 풀고 우유와 연두부를 넣고 섞는다.

2. 소금과 후춧가루로 간을 하고 팬에 퓨어 올리브유를 살짝 두른 뒤 풀어 둔 달걀을 넣고 빠르게 휘젓는다.

만두피로 만드는

연어 라비올리

150kcal, 요리 시간 40분

재료(1인분)

연어 50g, 만두피 5장, 양파 ⅓개
케이퍼 1큰술, 레몬즙 1큰술, 엑스트라 버진 올리브유 1큰술
퓨어 올리브유 1큰술, 후춧가루 약간

1. 양파와 케이퍼는 다지고 연어는 잘게 썬다.

2. 팬에 퓨어 올리브유를 살짝 넣고 다진 양파를 볶다가 연어를 넣고 볶는다.

3. 화이트 와인을 넣고 케이퍼, 후춧가루를 넣는다.(연어를 구하기 힘들다면 연어 캔이나 참치로 대체해도 좋다.)

구운 만두피 연어카나페

연어 100g/ 161kcal

연어는 오메가 3 등 불포화 지방산이 많아 혈액 순환과 피로 회복에 좋고 다크서클에도 효과적이다. 훈제 연어는 칼로리가 높은 편이니 생연어를 구입하거나 냉동 연어를 구입하자. 적은 양을 꾸준하게 먹으면 다크서클이 사라진 얼굴을 발견할 수 있다.

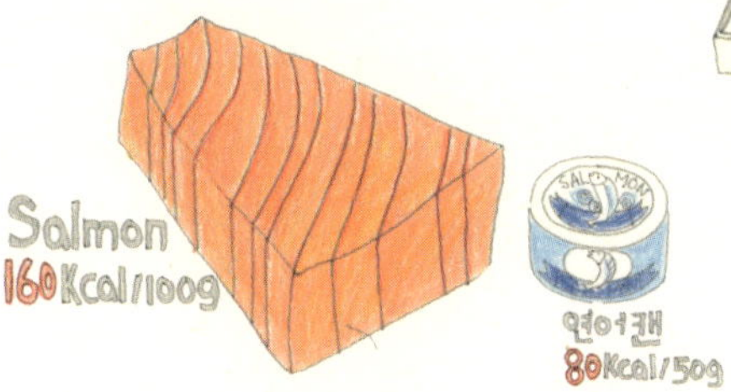

라비올리 만들기가 귀찮다면

1. 오븐 팬에 만두피를 올리고 퓨어 올리브유를 뿌린 후 4~5분간 굽는다.
2. 만두피가 바삭하게 구워지면 접시에 담고 라비올리에서 만들었던 만두 속을 한 숟가락 올리고 그 위에 구운 만두피를 올린 뒤 이를 몇 번 반복해서 쌓아 올린다.
3. 레몬 소스를 1큰술 뿌리면 완성이다.

라비올리는 만두처럼 생긴 이탈리아 생파스타 중 하나이다.
집에서 직접 생파스타 반죽을 하는 것은 쉬운 일이 아니므로
슈퍼에서 쉽게 구할 수 있는 만두피를 이용하자.
넉넉히 만들어서 냉동 보관해 두었다가 삶거나 구워서 먹는다.

4. 만두피에 연어 속을 올리고 만두 모양으로 빚는다. 만두피 가장자리에 물을 묻히면 쉽게 붙는다.

5. 끓는 물에 5~7분간 삶는다.(속은 익었으므로 피만 익으면 된다.)

6. 삶은 라비올리를 바로 먹어도 되고, 퓨어 올리브유 1큰술을 뿌린 오븐 팬에 넣어 200℃로 예열된 오븐에 5~7분간 구워 먹어도 된다.

7. 레몬즙, 엑스트라 버진 올리브유, 후춧가루를 섞은 소스에 찍어서 먹는다.

물만 잘 마셔도 다이어트에 청신호

다이어트할 때 보통 물을 많이 마시라고 한다. 하지만 물 마시는 게 습관이 안 된 사람에게는 물을 많이 마시는 게 말처럼 쉬운 일이 아니다. 물을 잘 마시지 않는 사람의 경우 하루 마시는 물의 양은 2리터는커녕 1리터에도 못 미치는 경우가 많다. 물을 잘 마시지 않으면 건강을 해칠 수도 있기 때문에 건강과 다이어트라는 두 마리의 토끼를 잡기 위해서는 하루 2리터 정도의 물을 꾸준히 마시려고 노력하는 것이 좋다. 처음에는 물을 자주 마시는 만큼 화장실도 자주 가게 되어 여간 귀찮은 일이 아니지만 일주일 정도 지나면 화장실 가는 횟수도 줄어들고 물 마시는 게 조금씩 익숙해진다. 하지만 그냥 맹물을 수시로 마시는 건 여전히 쉬운 일이 아니다. 그러니 물을 쉽게 마실 수 있는 방법을 궁리할 수밖에 없다.

식초물은 신맛의 위대함을 이용한 전략이다. 우리 입이 신맛에 익숙해지면 기름지고 단 음식을 멀리하게 해 주고 지방과 당분을 빠르게 연소시켜 주어 살찌는 것을 예방해 준다. 식초에 원하는 과일을 넣어서 과일 식초를 만들어 먹어도 좋지만 번거롭다면 시판 건강 식초를 이용하면 된다.

Water
2L
마시는
홍초

간단하게 만드는

다이어트 워터

1. 레몬 워터 20kcal, 1~2분 소요

비타민 C가 풍부해서 피곤하고 우울할 때 마시면 도움이 된다.

재료(1인분)
물 1L, 레몬 ½개

만드는 법
레몬즙을 짠 후 분량의 물에 넣는다.

2. 매실청 워터 40kcal, 1~2분 소요

냉장 보관해 두고 샐러드 드레싱으로 이용하면 좋다.

재료(1인분)
물 1L, 매실청 4큰술

만드는 법
❶ 매실과 황설탕을 1:1 분량으로 섞어 병에 담고 서늘한 곳에 3개월간 보관하면 매실청이 된다.
❷ 분량의 매실청에 물을 타면 새콤한 매실청 워터가 완성된다.

3. 홍초 워터 40kcal, 1~2분 소요

시판 제품을 이용한다. 홍초를 먹으려는 게 아니고 물을 마시는 게 목적이기 때문에 제품에 표시된 양보다 적게 사용한다.

재료(1인분)
물 1L, 홍초 4큰술

만드는 법
분량의 물에 홍초를 섞는다.

4. 바나나 식초 워터 40kcal, 1~2분 소요

샐러드 드레싱으로 이용하면 좋다.

재료(1인분)
물 1L, 바나나 식초 4큰술

만드는 법
❶ 바나나와 황설탕, 식초를 각각 같은 분량으로 섞는다. (바나나 : 황설탕 : 식초 = 1:1:1)
❷ 뚜껑을 잘 닫아 실온에서 2~3일 발효시킨 후 냉장고에서 2주일 정도 더 발효시킨다.
❸ 바나나 식초가 완성되면 바나나는 건지고 맑은 식초만 따로 담아 냉장 보관한다.

꼭 다이어트를 하지 않더라도 하루에 2L의 물을 마시는 것은 건강에 매우 좋은 일이다. 물 마시는 일을 습관화하기 위해 노력해 보자.

5. 월계수 잎 차 3kcal, 10~15분 소요

국물 요리에 육수로 사용하면 좋다.

재료(1인분)

물 1L, 월계수 잎 2~3장

만드는 법

물 1L에 월계수 잎 2~3장 넣고 10~15분 정도 끓인다.

맛있는
장거리 다이어트

길고 긴 겨울 동안 고맙게 살들을 덮어 주었던 코트가 떠난 자리, 겨우내 먹었던 흔적들이 몸 구석구석에 포진해 있다. 여름이 들이닥치기 전에 시급히 정리해야 할 살들이다.

겨우내 밥집 언니는 착실히 저칼로리 식사를 고수하여 그녀가 목표한 고지에 도달했다. 고지에 도달했으나 그녀는 간결하고 건강한 식사법을 앞으로도 즐길 생각이다. 나는 정리해야 할 두둑한 살들을 보면서 꽤 간단하고 맛있는 그녀의 메뉴들을 하나씩 식탁에 올려 보고 있다. 밥집 언니의 방법대로 홈메이드 요거트와 리코타 치즈를 만들어 보기도 하고, 단호박과 고구마 구이에 저칼로리 드레싱을 뿌린 채소 샐러드를 만들어 먹기도 한다. 무엇보다 새로운 요리를 하나씩 배워 가는 즐거움, 늘 먹는 밥을 기본으로 하되 중간중간 새로운 식재료로 일상에 지친 미각을 깨워 주는 기쁨까지 누리면서.

밥집 언니처럼 스스로를 잘 대접해 주기로 했다. 지치도록 고단하게 일만 시키고, 그도 모자라 기름지고 짜고 매운 음식을 우걱우걱 먹이는 것이 아니라 잘 먹고, 잘 자고, 좋은 공기를 쐬어 주고, 적당히 몸을 움직여 주고, 빛깔 좋은 제철 재료로 스스로를 대접해 주면서. 그렇게 행복한 다이어트를 즐기는 것이 내 몸을 사랑하는 일임을 다시금 깨닫는다.